U0290332

新
思
THINKR

有思想和智识的生活

狼 的 智慧

DIE WEISHEIT
DER WÖLFE

我 的 25 年 荒 野 观 狼 之 旅
ELLI H.RADINGER

[德] 埃莉·H.拉丁格 —— 著

张静 赵莉妍 —— 译

中信出版集团 | 北京

图书在版编目（CIP）数据

狼的智慧：我的 25 年荒野观狼之旅 / （德）埃莉·
H.拉丁格著；张静，赵莉妍译 .-- 北京：中信出版社，
2020.1 （2025.1 重印）

ISBN 978-7-5217-1230-8

Ⅰ.①狼…Ⅱ.①埃…②张…③赵…Ⅲ.①狼—普
及读物Ⅳ.① Q959.838-49

中国版本图书馆 CIP 数据核字 (2019) 第 256480 号

Original title: Die Weisheit der Wölfe by Elli H. Radinger
Copyright © 2017 Ludwig Verlag, a division of Verlagsgruppe Random House GmbH, München.
Simplified Chinese translation copyright © 2020 by CITIC Press Corporation
ALL RIGHTS RESERVED

狼的智慧——我的 25 年荒野观狼之旅

著　　者：[德]埃莉·H.拉丁格
译　　者：张静　赵莉妍
出版发行：中信出版集团股份有限公司
　　　　　（北京市朝阳区东三环北路 27 号嘉铭中心　邮编　100020）
承 印 者：河北鹏润印刷有限公司

开　本：880mm×1230mm　1/32　　印　张：8.25
插　页：12　　　　　　　　　　　　字　数：126 千字
版　次：2020 年 1 月第 1 版　　　　印　次：2025 年 1 月第16次印刷
京权图字：01-2019-3725
书　号：ISBN 978-7-5217-1230-8
定　价：58.00 元

目录

你要对你驯服过的一切负责到底。

安托万·德·圣埃克苏佩里（Antoine de Saint-Exupéry）
法国作家,《小王子》作者

序言

我亲吻了一只狼,从此痴迷于此

每件事情都有它的第一次。对于我和狼之间不同寻常的关系,有三个重要的第一次值得一提:第一次与狼亲吻、遇到第一只野狼和遇到第一只德国本土狼。

我第一次亲吻的对象叫殷宝(Imbo),是一只生活在美国狼园里的雄性东加拿大狼。那之前,我刚刚结束了自己的律师生涯,那些罪案、离婚案和租赁纠纷让我对生活越发失望,每一次庭审对我都是一种折磨,以往的律政热情早已不复存在。要成为一名优秀的律师,我既不够冷硬,也不够客观。我不能也不想在余生中都这样得过且过,我爱好写作,痴迷于狼这种动物,所以我要实现这一切,过上自己梦想的生活。

虽然没有学过生物专业，但仅凭着满腔的热情和乐观主义精神，我向美国印第安纳州狼园申请了一个见习岗位，那是一个专门研究狼的场所。在和研究团队的领导人埃里克·克林哈默（Erich Klinghammer）教授接洽的时候，他解释说，是否雇用我取决于头狼。

可如何向一只狼申请职位呢？幸运的是，我不用唱歌、跳舞，也无须展示其他才艺。但是我发誓，即便是真的参加德国超星秀（*Deutschland sucht den Superstar*），我也不至于如此紧张不安。"和狼打交道这样可不行，"克林哈默教授如是说，"您一定要保持冷静！因为头狼能感受到您的情绪。"

保持冷静！即使你对面站着的是一个50千克重、浑身长毛、肌肉发达的家伙，它还用黄色的眼睛死死地盯着你！也许此刻，我需要回想下自己儿时的至交好友——牧羊犬。好吧，其实殷宝也算得上是一只大狗吧———只超级大的狗。为了和头狼的这次见面，我参加了安全培训。虽然保护区有义务保证我的安全，但我还是签了一份免责声明，那骇人的原文是这样写的：本人已知此行为存在安全风险，且损伤结果可能极为严重。

最终，在两名饲养员的陪同下，我小心翼翼地走进了狼舍。就在我一边努力站稳脚跟，一边做着深呼吸的时候，我突然感觉自己的世界骤然缩小，我眼里能看到的只有那只正向我小跑过来的狼：它步态优雅，光灿灿的毛发在午后的阳光下如同波光粼粼的水缎；黑色的鼻子努力地嗅着我的气味，两只耳朵直立向前仔细探寻。我用眼角的余光看到狼群的其他成员正在围栏处待命。很明显，对于我能否通过头狼的考验并被接纳这件事，狼群是紧张的。于我更是如此，因为只有这样我才能开始自己的见习大业，成败就在这接下来的几秒钟。

如果用慢镜头回放的话，当时的情景肯定是这样的：头狼强有力的后腿向下一蹲，做好扑跳准备，而我则全力迎住了随后的这一扑。殷宝并没有把我扑倒，它手掌大的爪子落在了我的肩上，骇人的獠牙离我的脸只有几厘米近。当时，我感觉整个世界都静止了，可接下来殷宝开始用它那粗糙的舌头不停地舔我的脸。就是从这个"吻"开始，我不可自拔地患上了"狼瘾"。

我被殷宝接纳后，就开始了在狼园的见习工作。在接下来的几个月里，我学习了如何饲养狼，熟悉了它们的习性。我用奶瓶喂养狼崽，并享受着殷宝和群狼那些湿热的"爱的证明"。

经过狼园的优秀培训，我自认为对于狼无所不知。半年后，我进入明尼苏达州的荒野，在那里我邂逅了人生中的第一只野狼。

当时，我住在湖畔的一间小屋里，那里远离人类文明，周围常有狼和熊出没。元旦的早上只有−30℃，我穿上雪地靴出去寻找狼的踪迹。彼时，我还没有见过那些灰色的邻居，只有狼嗥让我知道，它们是真实存在的。但是头一天入夜前，正当我站在木屋外面，一边聆听着狼群的合唱，一边惊叹着美丽极光的时候，突然湖面上的动静引起了我的注意，只见四只野狼快速地跑过闪闪发光的冰面，正在追赶着前方的什么东西，随后它们都消失在了远处的地平线上，我并没有认出它们追赶的猎物是什么。

于是，第二天一早我就动身去搜寻，小心翼翼地追寻着野狼的足迹进入森林。这些脚印没入丛林，跨过树根和石块，穿过灌木丛，绕过山崖巨石，沿着白雪皑皑的地面延伸。我也艰难地循迹而行。途中，我还遇到了一处圆形的挖刨痕迹，我猜那可能是一头鹿的栖身之地，而雪地上大量的黄色标记也表明狼群也注意到了这个地点。在追踪了一个小时之后，我看到有新鲜的血迹，随后我发现了一头死了的幼年白尾鹿。我跪下用手摸了摸，尸体还是温热的。鹿的腹部被撕开，少了一条后腿，鹿胃被拽到一旁，心脏和肝脏已经没有了。喉咙和腿上的咬痕表明这头鹿死前没有遭太长时间的罪。

　　我并没有在鹿的尸体周围看到狼，但是突然间，我感到自己正在被什么暗中盯着。此时，我还跪在雪地里，如果在我身后的是一只饥饿的狼的话，这可不是个有利的姿势。我放慢动作站起并转过身去。它，一只东加拿大狼，就站在那儿，离我只有几米远。它好像刚穿过一片电场区似的，颈部的毛发全都乍着，耳朵尖尖的，微侧着头。它翕动着鼻翼试图捕捉我的气味，但当时风向不对。我看得出来，这只小狼并不知道我是个什么物种。我尽力屏住呼吸，在正常情况下，野狼是不攻击人类的。但是这只狼懂吗？毕竟它饿了，而我就站在它和它辛苦捕获的猎物之间。

　　"你好，小狼！"我紧张得喉头发紧，发出的声音自己都觉得陌生。

　　那只小狼吓得缩身向后跳了一步，同时，它那本来半抬着的尾巴扫向了腹部，被紧紧地夹住。这表明它之前的好奇这会儿已经变成了恐惧。只见它后腿立定，一个急转身，掉头就冲进森林，消失了。而我则痴痴地盯着那片森林，呆站了很久。

　　在这之后的几个月里，我从国际狼中心（International Wolf Centre）*的生物学家以及出没在小屋门前的狼群那里，更多地了解了野狼的

---

* 国际狼中心是一家专门研究狼的机构，坐落在美国明尼苏达州北部的伊利镇。——译者注

生活习性，学到了研究、遥测和监控它们的方式。

1995年，当第一批东加拿大狼迁居美国黄石公园的时候，我也开始了自己与狼共舞的第二个阶段。作为志愿者，我参与并协助生物学家进行野外调研。我主要负责拉马尔山谷地区，那是黄石公园北部一道宽阔的山谷，海拔约2 500米。我的任务是观察在那里生活的狼群，并将情况汇报给专家。

那已经是20多年前的事情了。不过也正是从那个时候开始，我的生活中就成千上万次地出现狼的身影。虽然有时我们仅仅相隔数米，但我从没感到过威胁或恐惧，毕竟不是谁都有这个特权，可以每天看到狼群的。而为了享受这一特权，我每年多次跨越大西洋，飞行数万千米来到美国，谁让那时德国还没有出现过野狼呢！一直到2000年，德国官方才证实境内有野狼出现，但我并没有期盼能亲眼见上一见，毕竟这种生物时常出没无踪。

后来，大概又过了10年，我才有幸在德国野外第一次见到野狼。

在结束了前一天的读者见面会后，第二天一早我就坐上了城际特快从莱比锡返回法兰克福。乘务员为我端了一杯卡布奇诺放到桌上，而我在伸手拿报纸的时候，顺势朝窗外瞥了一眼，突然发现野地里有一团棕色的东西。要知道，如果一个人长时间和某一种动物打交道的话，这个人就会很容易具备识别这种动物外形特征的能力，不管它是在猎食，还是在散步。所以，在看到那团棕色物的时候，我虽然不能肯定，但已经觉得哪里有异样了，而且那种感觉十分强烈！我看到的是什么？不是狐狸，因为它的腿太长了，也不可能是狍子，因为狍子没有长尾巴。可惜火车开得太快，为了看清楚，我不得不探起身把脸贴到玻璃窗上，咖啡被蹭倒洒了一报纸。天啊，那是一只狼！它安然地站在那儿，眼睛直直地盯着森林边儿上的什么。可这一幕终究还是随着火车飞驰而消失在我的眼前。

这是我第一次，也是唯一一次看到德国野狼。

其实，"荒野观狼"是个永远也讲不完的故事。你若是在交配季遇到它们，几个月后就会看到一群短腿的小家伙儿跌跌撞撞地从洞穴里爬出来；你会看着它们在妈妈那儿争抢"奶吧"里最好的位置，会为它们的第一次成功捕猎而"骄傲"——哇！一只老鼠！你会因为它们受伤而心疼，因为它们死去而痛哭；你会看着它们嬉闹玩耍，在它们调情时，还会有点儿不好意思偷看。直到这所有的一切周而复始，循环往复。

我是一个狂热的"爱狼"分子：我对它们是如此痴迷，只要一刻看不到，身体就好像出现戒断反应似的。大多数人一辈子见过一两次野狼也就够了，可我和他们不一样，在保护区里，我随时都在搜寻野狼的身影，我就像上了瘾一般，毫不满足。

我无时无刻不在期待着与狼群相会，不管是在-40℃的极寒天，还是在蝥蝇乱飞的炎炎夏日；哪怕我不得不为此穿上特制的袜子，在手套里放上暖贴，或是抹上厚厚的防晒霜和驱蚊药，我也会毫不动摇地、耐心地等上数个钟头。因为我知道，狼群一定会"谋划出大事"，而我丝毫不愿错过。即便这次没有发生什么，但我知道下次肯定会有。

就算暂时看不到狼的身影，我也会一直等。因为仅仅是狼群现身的那一刻，我就已经觉得，能同它们一起感受大自然的生命不息和勃勃生机是如此不同凡响。

我有幸可以参与到狼群的生活中去，看着它们狩猎、交配、哺育后代。因此，我确信野狼与我们人类的行为模式是非常相似的：它们关心、照顾家人，既有权威公正的头领，也不乏善良互助的同伴；既有意气风发的青少年，也少不了惹是生非的淘气鬼。

　　通过观察它们的生活，我甚至觉得狼是如此伟大，它们完全可以成为某些人的生活导师。事实上，狼群俨然已经成为我生命的一部分，它们复杂的社会行为影响和改变着我，因为它们，我才有机会重新理解道德、责任与爱的意义。不仅如此，野狼还是我灵感的源泉，它们教会我以新的目光——狼的视角——重新审视世界。

我们心底所有美好的情感都凝结在我们对家人的爱里，这份爱留住属于我们的安定，也衡量着我们内心的忠诚。

哈尼尔·龙（Haniel Long）
德国诗人

狼的大家庭

彼此信赖、相互扶持

狼群蜷卧在雪地里休息，看起来像灰色岩石围成的圈儿，只是偶尔会看到耸动的耳朵或爪子。其中一只苗条的母狼舒展着四肢侧卧在那里，除了腹部那道银色的条纹，全身的皮毛都是深灰色的。其他几只狼背部的毛也是深色的，胸前有褐红色的斑点。头狼夫妻则背靠背挤卧在几米以外的地方，周围是些一两岁大的小狼，因为之前跟在哥哥姐姐们身后追逐撕咬地玩耍而累趴在雪地里。

每次最先睡醒的都是这群小家伙，它们会故意挤来挤去，跳到那些还没睡醒的同伴身上。不一会儿，这些胆大包天的小狼就聚成一伙儿，只见它们抖抖身上的皮毛，开始四下张望。第一个跑起来的是只一岁大的小狼，它一下跳过还在昏睡的大狼们，其他小家伙跟着效仿。最小的一只因为滑了一下,直接撞到了爸爸身上。爸爸跳起来,冲着儿子呼噜呼噜地呵斥。小家伙立刻躺下,蜷缩成一团,嘴里呜咽呜咽地哼着。于是,那位爸爸又赶紧舔舔儿子的脸反过来安抚。此时,那帮闹哄哄的家伙又跑了回来,它们扑向头狼,一起在雪地里滚起来,噗噗的雪声扰醒了其他家庭成员。

小狼的生活单纯而快乐。它们喜欢跑向头狼夫妻,偷袭它们,不过是用它们的亲吻、舔舐,以及充满爱意的"咬咬"。它们在头狼身边跳来跳去、又挤又撞,看起来像个巨大的狼毛儿"线团",看不清首尾在哪儿。它们会用自己的乳牙亲昵地撕咬哥哥姐姐们,气得哥哥姐姐们厉声呵斥。小家伙们还喜欢彼此缠绕擦蹭着身体,淘气地爬过树根,跳过岩石,钻过挡路的灌木丛。到处都能看见它们闪亮的眼睛和不停摇摆的尾巴,有时候它们还会不管不顾地纵身跳进狼群,就为了能扎堆儿凑热闹。

有胆大的小狼带着弟弟妹妹们爬上山丘,然后一起扑下雪坡,它们会一边滑,一边不停地扭动身体,就为了带起更多的雪尘。等它们滑到下面的时候,俨然都变成了"雪狼"。

休息玩耍后,狼群中的某个家伙开始嗥叫,其他狼会尾随其后。这时,大家几乎都站了起来,以各自不同的声调参与合唱。当然,有些是在颂唱,有些则是在兴奋地尖叫。但总有两只狼趴着不起身,不过它们也高扬起头跟着嗥叫。群狼像在演唱标注了渐强符号的曲子一样,嗥叫声越来越高亢,直至响彻天空。合唱最终以雄壮的高音结束。在这之后,有狼准备动身前行。虽然有几只小狼还在互相抓捕嬉戏,但整个狼群已经渐渐排成一线,开始翻越山脊。

狼群就像个友爱的大家庭，它们对彼此的挚爱在大自然的众多生物中也是少见的。与荧屏里播放的那些龇牙咧嘴、卑劣成性的家伙截然不同，真正的野狼群相处和谐、轻松，充满了爱意。幼狼不仅受到父母的关爱和保护，它们的叔叔、姑姑、哥哥和姐姐们也会无私地给予照顾。整个狼群*不仅会一起养育幼狼，还会供养年长或受伤的家庭成员。在狼群中，成员们都很清楚自己在家庭中的位置，遇到事情应该听谁的。大家会通过不断的互动和固定的仪式来确认对彼此的爱慕与尊重，这种强烈的家庭纽带关系正是野狼在大自然中赖以生存的重要保障。

狼群表现出的社会性，一直是生物学家和心理学家研究的重点。他们认为，通过观察狼群，人类可以更加了解自己。为了能更好地理解狼的社会行为，生物行为学家将狼的性格分成了两大类：

A 类型的狼，性格外向、胆大果敢。它们经常不经思考就采取行动，这导致它们在面对新局面或突发状况时，很快就败下阵来。而且在失败后，它们需要较长的恢复期。大多数这种性格的狼（或人）心态乐观，但会在自认为可行的时候，后劲不足；而自认为不可行的时候，失去判断，转而向他人求助。

B 类型的狼则与之完全相反。它们的处事原则是深思熟虑、谨慎行事。它们会等待、观望事态的发展，再采取行动，所以往往能够更好地应对局面。

在一个家庭里，通常这两种性格的狼都有。而头狼夫妻多是 A

---

* 　狼群通常是由一对夫妻和它们的后代（第一代及之后若干代子女）以及个别叔伯辈的公狼或母狼组成的，即生物学意义上的"家庭"。狼群偶尔也会接受陌生的孤狼作为家庭成员。在现代野狼研究中，"群"和"家庭"通用，狼群即指一个家庭。——作者注

5

和 B 两种性格的组合，以便形成互补。当然这并不意味着，雄性头狼一定是 A 性格，雌性头狼一定是 B 性格。

其实，我们人类也存在这两种性格。你是不是正在想：我是哪种性格的呢？如果你是外向型的 A 性格，那么你必须学会在某些情况下控制好自己，不要总是那么冲动。而作为谨慎、胆小的 B 性格的人，你是不是有时候遇到问题会行动缓慢，反应不够快呢？那么请你记住这条箴言："在你打盹儿的时候，机会就溜走了。"（You snooze, you lose.）

当然，在这两种性格之间，还存在着大量变体和多种混合型性格。例如，我觉得自己就是略带 A 型特征的非典型性 B 型性格的人。

虽然那些批判将性格分成 A、B 两型的人认为，人的性格随时都有可能发生改变，但我的直接经验却告诉我，不管如何压抑，我们的性格中所固有的那些特征是不可能消失的，而且终会显现出来，所以我坚信"江山易改，禀性难移"。这个认知也的确在我和同类打交道的时候帮助了我。

就像每只狼有自己的性格一样，一个狼群也会有它们的群体特征，例如，有的狼群是首领独断专行，而有的狼群都是些坏脾气的家伙。个体性格的多样性往往成就狼群的不同群体特征，如德鲁伊（Druid）狼群看起来友好和善 *，而莫丽（Mollie）狼群则显得令人生畏。

生活在黄石公园的拉马尔狼群则两种特征兼有。这一点，在它

---

* 在黄石公园，人们通常以栖息地命名狼群，像德鲁伊狼群就是生活在德鲁伊峰（Druid-Peak-Berg）脚下。也有例外的，如以自然保护家奥尔多·利奥波德（Aldo Leopold）命名的利奥波德狼群和以莫丽·贝蒂（Mollie Beattie）命名的莫丽狼群。莫丽·贝蒂是野狼回迁北落基山脉运动的主要倡议者，她在狼群回迁实施后不久因癌症去世。——作者注

德鲁伊狼群一周岁的幼狼（A 性格）鲁莽地在汽车间穿行

们穿越有汽车和游客的马路时，表现得尤为突出：A 性格的成员独立自信，它们会毫不犹豫地径直走自己的路，而 B 性格的狼则像遇到了紧急情况一般，快速地跑过马路。我到现在还记得 2011 年 5 月发生的一次"事故"：因为当时游客太多，一只谨慎的 B 性格成年狼犹豫着不敢过马路。它可能盼着天快点黑下来，这样就可以"隐藏"自己了。在踌躇的过程中，它不小心靠近了郊狼的洞穴，郊狼们跳了起来攻击它。这个先前因为"两条腿"（的人）已经神经兮兮的家伙，现在又被自家小个头儿的亲戚们叫嚣着驱赶，屁股还挨了咬。最终，这只狼撒腿穿过人群，跑过了马路，大概它当时觉得两害相权，取其轻吧！

自 2012 年起，美国不再将野狼列为被保护物种，在美加边境生活的狼群因此被迁入黄石公园，在国家公园里它们依旧受到保护。可惜狼群并没有边界意识，有时候它们会溜达出公园，将自己暴露在猎人的枪口之下。每当这时，我就不禁发问，是不是那些胆小的 B 性格狼活下去的概率会更大一些呢？因为总想着走出去，征服世界的都是那些胆大妄为的家伙。

对于哺乳类动物来说，家庭秩序与权力结构是一致的：父母为子女做决定，年长的替年幼的做决定。这种等级秩序并不会因为争斗、政变而发生更迭，当然也不会像在狗舍里那样，由饲主决定一切（例如，哪条狗能待在沙发上，而哪条狗不能）。在狼的家庭里，大家长会根据自己的经验做出决定，尽全力保障成员的利益和安全，它们的权威不需要佐证，因为它们天生就有这个权力。

因为狼群是每一只狼的生存根基和保障，所以"家"是狼群的生活主题，也是它们活着的全部意义。为了家人，野狼可以献出自己的生命，就如同我曾经看到的那一幕一样：2013 年 4 月，我作为观察员和其他人站在拉马尔山谷的一个山丘上，窥视拉马尔狼群的洞穴。彼时，它们的雌性头狼刚在 5 天前产下了 4 只狼崽。而莫丽狼群的 16 个成员突然就这么冲进了山谷，我料想可怕的事情将要发生。接下来，我看到有 17 只狼跑了出来，而跑在最前面的正是拉马尔家的那只雌性头狼。尽管它拼命地奔跑，但是因为刚刚分娩完，它的身体还很虚弱，莫丽家的那些狼很快就追了上来。当时，我吓得屏住了呼吸，看着那只母狼最后跑上了陡峭的岩石。如果它就此停下来应战，对手会轻而易举地杀死它，而它的孩子们也会死掉，不管是被莫丽家杀死，还是因为没有奶喝而被饿死。

然而，我们都低估了母狼想要活下去的决心。只见它从岩石上跳下去，跑向了有游客出现的大马路。因为早已熟悉了人类，那只母狼大胆地跑过马路，然后停住，回头看着莫丽家的追兵，那些家伙因为害怕人类，没敢追过来。

虽然母狼暂时安全了，但危险依然存在，因为入侵者还在徘徊。如果它们往回跑，那么被杀死的就是幼崽。

这时，在大家的视野里突然出现了一只年轻的母狼，它是拉马尔狼群雌性头狼的女儿，已经两岁了。它成功地吸引了入侵者的攻击，将莫丽狼群引向了东边。这只年轻的母狼是拉马尔狼群里最擅长奔跑的一个。在族群的栖息地上，它熟悉每一块石头和每一丛灌木，就这样轻松地摆脱了追击。

莫丽家的狼在后面晕头转向地追了几趟后，就放弃追击返回了领地。入侵者一消失，母狼迅速地跑向洞穴。几周后，我看到了被母狼带出来玩耍的幼崽，它们健康、活泼地跑来跑去。这一年，莫丽狼群再也没有闯入过拉马尔山谷。

家就是决定一切的存在！作为家中成员，时刻准备着为这个家庭牺牲一切。

很多人认为，以家庭为模式的人类生活早已过时了。这样的说法很不负责任。事实上，家庭一直存在。时至今日，在"家"的概念下不仅包含传统的婚姻家庭，还容括了再婚家庭、单亲家庭以及同性伴侣家庭。

外面的世界变化得越快，格局的构成越复杂，我们内心就越渴望传统的价值观，如家庭观念、集体主义、诚实、信任、忠诚等。

面对压力过大的现实生活，传统规范的社会则成为人们心中的桃花源。在德国"六八"运动中，青年一代虽然掀起反体制反权威浪潮，但最终也是潜移默化地认同了 20 世纪 50 年代的历史和社会模式。现在传统的道德观再次成为时代的主流，一时间人们因为能够再次拥有实用的老式家具，或有机会在花园里种菜而感到幸福，就算因此被定义为"俗人"也乐在其中。

野狼就是典型的"俗人"，它们的价值观之传统，恰恰是我们人类可望而不可即的。

狼群成员之间稳定的家庭关系是依靠大量的仪式行为来保证的。就像本章开头曾提到的狼群醒来时的场景，狩猎后其他成员对头狼夫妻的问候，以及狼群一起嗥叫等，这些巩固成员间关系的仪式活动是狼群生活的重要组成部分。

对于人类家庭来说，其实仪式也是必不可少的，因为它承载着成员间亲密的感情，可以促进团结，并明确指出家庭的发展方向。而人类却总是在缺失了以后，才意识到仪式的重要性。

以前，我们的生活中并不缺乏仪式活动：周日参加教堂礼拜，然后去探望祖母，大家坐在一起吃顿午饭。但是，这样的安排现在很难再出现了，在现代家庭里，全家人坐在一起吃顿饭已经成了奢侈的事。

不过我自己会尽量在忙碌的日常生活中，每周至少抽出一天来陪伴家人和朋友。我认为，这样不仅可以促进我们之间的情感交流，还可以强化每个人在家庭中的角色，从而保持彼此间的信任。特别是对于孩子们来说，他们更应该多参加定期聚餐这一类维系家庭关系的活动，这不仅可以促进父母与孩子间的交流，还会影响到孩子们生活规范的形成。

在狼群里，生存技能是小狼们通过观察和模仿父母行为"习得"的，而守规矩则是被"教会"的。虽然，在幼狼时期它们也是可以胡闹的，但该守规矩的时候，必须守规矩。

初夏的某一天，我的观察对象是某个穿过拉马尔山谷前往黄石公园的狼群。我看到一只小狼慢腾腾地走在后面，大概是觉得和狼群在一起实在无趣，它东闻西嗅，总是喜欢跑到一边去发现些更有意思的东西。当它掉队的时候，整个狼群会停下来等着它赶上。但事不过三，几经折腾后狼群就径自往前走了，把这个做白日梦的家伙甩在了后面。当小狼意识到自己已经跟不上狼群的时候，它开始害怕地大叫，希望能够像前几次那样，把大家喊住等它。可是，这次它的叫声不管用了，一直到晚上，这个短腿的小矮子才赶上大家。经过这次的教训，这只小狼再也不敢随意脱离狼群了。

通常，幼狼的行为不会被设禁，这样便于它们在积累直接经验的同时，也学会承担自己的行为带来的后果。狼群正是通过这种方法，教育它们的后代行为处事要有"度"，既要勇于探险，也要清楚安全边界；既要团结协作，也要保持自我。

与许多人类父母不同，狼群的大家长在教育子女的问题上，意见从来都是统一的。小狼们没有机会利用父母的不和钻空子，就像人类的小孩子那样——"爸爸不同意，我去找妈妈"这种做法在狼群里是行不通的。在教育问题上，狼群里叔叔、姑姑等长辈也会协力参与。对于纪律问题，更是所有成员都可以插上一手。所以，你经常会看到一岁的哥哥姐姐们"惩罚"那些让人恼火的小崽子。

一只幼狼在查看是否还能从成年狼的嘴里得到食物

　　如同人类的孩子，幼狼也需要父母的指引。作为孩子们的榜样，父母会示范什么可以做，什么不可以做。事实上，抚育幼狼是整个家庭的义务。当狼宝宝还在狼妈妈肚子里的时候，狼爸爸或是其他子女会给狼妈妈带来食物。之后，幼狼则是靠吃大家吐出来的、半消化的食物长大的。

　　狼爸爸都是极爱孩子的，德鲁伊狼群的雄性头狼就是个热心肠的父亲，它不仅充满爱意地照顾自己的孩子，还收养了自己的外孙们，因为它的女儿曾经与一只孤狼私奔，当"她"迷途知返，再度回来的时候，已经怀孕了。德鲁伊家这位头狼父亲的爱好之一就是和小狼们玩摔跤，而且它最爱做的就是假装被打败：小狼跳上它的背，啃咬它的皮毛，然后头狼就摔倒在地上，小家伙则摇着尾巴，脸上一副胜利的表情。

这种假装被打败的表演恰恰证明了，狼是聪明的动物，它们知道如何取悦对方。而小家伙们肯定也知道，所谓的"被征服"是演出来的，但这并不妨碍它们享受那种征服了比自己大的动物后的感觉，而这种自信正是猎手所必备的。

当然，狼群的大家长也并非完美。它们同样会情绪化，表现出生气、失望、不耐烦，或者喜悦、兴奋和爱慕。和人类一样，这些情绪的变化如此正常与频繁，就好像你因为早上第一步迈错了脚，而感觉接下来的一天都不顺利。不过，就算是头狼陷入窘境或失去耐心，狼群成员间的信任仍然坚不可摧。

在狼群后代延续的问题上，任何一名成员都是不可或缺的，即便是一只只有一岁大的小狼，也会充满爱心地帮助抚育弟弟妹妹们。如果这一年有狼崽没能成活的话，那么来年在抚育后代的问题上就会少了帮手。

在一次观察中，我曾切身感受过这种手足情深：那是一年早春，狼群从生产的洞穴迁往狩猎的栖息地。冰雪融化，汇成了湍急的河流。成年狼用行动向小狼们示范如何涉水过河，在抵达对岸后，它们大叫着鼓励小家伙们跟上。有一只幼狼显然不够自信，它在岸边跑上跑下，呜咽着不敢。它试探着把爪子伸进水里，但又气馁地缩了回来。最后，它的一个姐姐游了回去，叼起岸上的树枝，让幼狼咬着，牵着它下了水，并帮助它游到了对岸。

狼群中每一个个体都有自己的岗位，每一个成员都有它的重要性。但具体从事什么岗位，并不是由狼群的大家长或者头狼来决定的，而是年轻的孩子们在成长的过程中，会慢慢地了解到自己的长处所在，然后在狼群遇到困难的时候，自行替补上。所以，一个狼群里既有步伐矫健的追击手负责狩猎，也有身强力壮的大块头负责在积雪天领路，当然也少不了耐心细腻的成员担任保姆的角色。

我们人类不也都是各有所长的吗？有的人富有耐心、善于倾听，也有的人虽然冲动，但勇于创新。这些长处帮助我们为家庭或事业做出自己的贡献。我们之中还有人擅长维系和平，调停争端。狼群中也有这样的角色，它们深知自己所长，冷静自持地站在那些骂骂咧咧、互相威胁的争吵者之间，直到硝烟散去，狼群再一次团结协作地迎来新的一天。

在大量观察了狼群的生活之后，我经常扪心自问：为什么在我们这些两腿直立行走的人类之间，关系总是显得那么复杂呢？是不是因为我们没有像狼群那样，把家庭视为生活的重心呢？

答案其实不然。2015 年壳牌青少年调查（Shell-Jugend-studie）结果显示，人类的家庭观念从没有像现在这样强过，父母与子女的关系从没有像现在这样好过：90% 的年轻人认为自己和父母的关系良好，3/4 的年轻人希望可以像他们的父母那样教育自己的孩子。受访的年轻人大都认为，有了家庭，人才会幸福。特别是面对求学、培训和就业初期的社会压力时，年轻人从父母那里得到了经济上的支持和感情上的慰藉。所以，人们希望家庭是自己生活的中心。但人类的希望显然和现实不符。

在狼群中，所有成员都遵循经验丰富的头狼指挥。头狼作为大家长以身作则，承担责任，做出有利于家族的决定，当然也享有至高无上的尊重。狼群通过紧密协作、令行禁止和互帮互助而运转。可能你曾经读到过，狼群会杀掉年老或重病的成员，但那很可能是在非自然条件的圈养环境下才会出现的。在野外，真实情况恰恰相反：狼群会照顾生病或年迈的成员，直到它们康复或者死去。我亲眼看到过很多次，有的狼因为狩猎或者与入侵者争斗而伤残，它们面临的可不是死亡，而是整个狼群的照顾。狼群出发狩猎时，会有狼留下来保护它们；狩猎回来后，狼群会给它们带来食物。还有一次，我甚至看到狼群就像照顾狼崽那样，反哺一只年迈的老狼。

成年雄性类人猿也会在后代还小的时候照顾它们，但是这种照顾其他生病的家庭成员，且长时间地为其提供食物的特性，我们只在人类和野狼这两个物种身上看到过。所以，在关心照顾他人这一点上，狼和人极其相似。

虽然，第一眼看上去，黑猩猩肯定比狼更像人类，但灵长目雄性并不会照顾后代和年老的同类。而人类和狼群却如此相近，也更了解彼此。所以，这也可以解释为什么我们当初没有让猴子，而是让狼进入我们的生活。狼、狗和人类——难怪我们找到了彼此，我们注定"天生一对"。

能够成为某个家庭的成员，既取决于出生关系，有时也需要考虑狼群的具体情况。如果狼群中的大多数成员间有亲缘关系的话，那么外来者很容易被接纳为新成员，以便保持狼群基因的多样性，并避免出现近亲繁殖。

作为观察者，我曾有幸看到一个狼群接纳外来者的全过程：那是在 2003 年某个冬日的暖阳下，地点在黄石公园的拉马尔山谷。该山谷因其物种的多样性而被誉为"美国的塞伦盖蒂"。这片土地上生活着大量的鹿和美洲野牛，是大型食肉动物的乐园。

拉马尔山谷当时是德鲁伊家的领地，这个狼群有 7 只狼。雄性头狼 21 号 * 长得像电影里的男明星。我第一次看到它的时候，它那健壮的体格就给我留下了深刻的印象：宽阔的胸膛、强健的四肢、深灰色的毛发，一道深色条纹从额头延伸至鼻子，还有那不寻常的尾巴，短粗而浓密。只看上那么一眼，你就会永远记住它。它的气场十分强大，所到之处，没有狼不为之震慑。21 号的伴侣看上去和它很像，就像人们常说的那样，多年的伴侣会有夫妻相。只不过雌性头狼体形娇小一些，肩头的毛发颜色稍浅，但是额头到鼻子处的深色条纹特征和21号的一模一样。德鲁伊狼群会定期巡逻领地边界，毫无疑问，它们是这片土地上的王者。但是，有一天，一只陌生的野狼踏上了德鲁伊的领地。

那一天是二月的第一个星期天，正值美国职业橄榄球大联盟的年度冠军赛（俗称"超级碗星期天"，Super Bowl Sunday），球迷们都待在家里看电视，黄石公园里几乎空无一人。当时正值交配季之初，是一年里观察狼群生活的黄金时间，于是我往背包里装了一块三明治和一壶热咖啡，毅然决定进谷观察。但是，由于头一天夜里刚刚下过雪，积雪有半米深，我就一直等清雪车将我所住的银门镇（Silver Gate）到黄石公园的道路清障完毕，才开车上路。一路上我开得很慢，每到一个停车区，就停下来拿着望远镜搜寻山谷里

---

*　在黄石公园里，研究人员使用编号给狼命名，编号即狼脖子上无线追踪项圈的编码。——作者注

狼群的踪影。与平时一样，没过多久拉马尔山谷的大明星们就出场了：—24℃的冬日阳光明媚，苏达巴特（Soda Butte）河附近有几个黑点在移动。那正是我们的德鲁伊狼群，每个成员都兴致勃勃，一副"酒足饭饱"后的样子。它们先是在山谷北面的斜坡上嬉闹玩耍了一阵，然后趴在山脊上开始休息。

突然间，这和谐的画面就被打破了，一只孤狼径直跑向德鲁伊狼群，此时7只狼都在。我当时想，这可不是在演什么冒险家的故事，多希望它能马上转身跑掉。因为它出现在其他狼群的领地上，就已经是把自己置于极度的危险之中了。

在此期间，德鲁伊家也发现了这只孤狼。它们直起头，警惕地竖起耳朵，趴在地上的身体也因为紧张而彼此挨得更近。狼群全神贯注地盯着那个放肆的家伙。头狼夫妻则起身站立在山丘上，毫无表情地看向下方的"入侵者"。但是那个家伙依然毫无顾忌地在"敌人"的领地上长驱直入。我甚至怀疑，那个家伙会不会根本没有发现德鲁伊狼群，或者它就是故意如此放肆无礼的。

紧张之余，我快速从车上拿出高倍望远镜架好，这是我必备的工作装置，它不仅能帮助我辨认狼群，还能让我有种置身其中的感觉。

这是个浑身充满魅力的入侵者，它体格魁伟，毛发漆黑发亮，眼睛呈现金色，任哪只母狼被它看上一眼，都会拜倒在它的"西装裤下"。

而当时的情况正是这样——我观察到了狼群内的一个小动作，有一条尾巴尖开始轻微地左右拍打，小心翼翼地摇摆着。显然，并不是只有我被入侵者的美貌折服。

卡萨诺瓦，德鲁伊家的"妇女之友"

这时，入侵者的举动慢了下来，似乎它的理智终于恢复了，步伐开始变得僵硬而谨慎。但它依然在接近狼群，并且已经来到了山脚下，此刻，山丘上的德鲁伊家列队而站。

显然孤狼并没有放弃，它继续勇敢地靠近狼群，目光看着之前向它摇尾巴尖的那只母狼，现在摇摆的已经不只是尾巴尖了，而是整条尾巴。我仿佛看见爱神之箭"嗖"地穿过空气射中这两只狼。此时，我已忘记严寒，屏息凝神地欣赏着这幕大自然中最原始的爱情剧。

之前摇尾巴的棕色母狼此时表现得更加大胆，它站在高高的山丘上，俯瞰着自己的仰慕者，就像"朱丽叶"从阳台上看着"罗密欧"。倒是"她"的父亲忍不住了，只见德鲁伊家的狼爸爸深吸了一口气，将胸膛鼓起，一下子俯冲向入侵者。短暂的打斗和小小的撕咬后，勇敢的卡萨诺瓦（Casanova，就是那个黑家伙，我给它起的名字）逃走了，不过仅仅跑了几米远，它就又转身回来，夹紧尾巴，试图去哄德鲁伊家的这位大家长。最后，在头狼的默许下，卡萨诺瓦在雪地里趴了下来，而头狼也回到了自己在高处的瞭望岗。

那只棕色的母狼，就是我们的"朱丽叶"，压低身子，匍匐靠近卡萨诺瓦，而那个黑家伙则一下子跳起来，摇着尾巴，跳着步子，一边邀请"朱丽叶"和它玩耍，一边释放着自己的魅力。"朱丽叶"没有纠结，很快就应邀了。两个家伙彼此挨着跑掉了，一边跑还一边蹭蹭擦擦，俨然已经是一对儿了。

头狼夫妻在最初敷衍地驱逐了几下后，就放弃了，好像这样处理那个魅力四射的入侵者也挺好的。

卡萨诺瓦继续诱惑着德鲁伊家的女儿，不过它还没有完全成功，因为渴望被爱情征服的美好愿望远不及家庭纽带强大，当整个狼群动身前行的时候，年轻的女儿不知所措。"她"在新伴侣和家人之间徘徊不定，一会儿跑向狼群，一会儿跑向恋人。但最终，"她"还是选择了能给予自己安全的家人，留在了父母身边。

这时，没能成功的"罗密欧"开始改变战略：它怯怯地接近头狼，摆出投降的姿态，乞求狼爸爸接纳它，允许它加入狼群。它尾随在狼群后面，一旦狼爸爸看不到的时候，它就恢复骄傲的姿态和"朱丽叶"调情。如果头狼冲向它，它就马上夹着尾巴仰躺在地，直到头狼再次结束自己的主权宣告。而雌性头狼则置身事外，在一旁观赏着这一出大戏，看着小女儿越矩的行为，看着"她"跑回自己身边，舔吻自己的嘴角，以求得原谅。

很明显，卡萨诺瓦的计谋见效了，因为在这一天结束的时候，德鲁伊狼群翻越了山峰，而行程之中卡萨诺瓦一直跟随在列。

在这之前，我还看到过另一个家庭接纳孤狼的过程：当时也没有发生恶斗，头狼只和"入侵者"短短地打了几架，宣示自己的主权，然后将孤狼驱赶到一定距离以外就作罢了。因为狼非常清楚，打斗是很耗费体力的，打到最后所获得的收益可能都不值得打这一架。

对于头狼来说，接受孤狼加入家庭，完全没有问题，因为狼群中友好和谐的气氛远比争斗更有利于集体的团结。

事实证明，卡萨诺瓦情商很高。虽然它在追寻伴侣的过程中，误入其他狼群领地，冒着激怒狼群、被当作入侵者杀死的危险，但是面对诱惑与恐惧，卡萨诺瓦做出了正确的应对：当头狼向它冲过来的时候，它夹着尾巴跑掉。但它并没有跑远，只是刚好到自己不会有危险，又足够头狼宣示主权的距离。之后，当头狼再次靠近它的时候，它则摆出投降的姿态，拱背蜷身，并舔吻对方的嘴角。不难想象，如果卡萨诺瓦当时不是这么做的话，它早就被杀死了。

那么一个狼群（家庭）到底是怎样建立起来的呢？和我们人类一样，首先是"男孩"和"女孩"相遇，它们生养后代，建立起家庭。但是，迄今为止，我们也看到了，在狼群里一切皆有可能。肉食动物形成族群，既取决于个体的性格特征，也取决于偶然性因素。有时家里的两三个兄弟出走，遇到另一个家庭的姐妹们，那么也可以组成一个新的狼群。几年以后，继续有狼离开，去建立自己的家庭，这一点和人类极为相似。除此之外，狼与人相似的还有独特的个体性，有的狼循规蹈矩，有的狼则不守成规，甚至成为家庭中的异类。

黄石公园内有名的狼群都延续了很多代，它们成功的秘诀又是什么呢？是所有成员的团结协作和头狼的正确领导。我们人类伟大的王朝和家族不也是如此吗？成功者必是将集体利益置于个体利益之上，这样才能长期立于不败之地。

最后，总结一下成功狼群的三大支柱：第一，团结协作，以家庭利益为核心；第二，仪式活动，持续的沟通和融合；第三，强大的领导力。

生活中我们往往需要一位导师，他能够引领我们，发挥最大潜能应对所做之事。

拉尔夫·沃尔多·爱默生（Ralph Waldo Emerson）
美国思想家、文学家和诗人

头狼的领导

老大也要有人帮

清晨，狼群穿行山谷。领头的是狼群中级别最高的 α 狼，其他成员都跟随其后。跟在队伍最后面的是级别最低的 ω 狼，它与前狼保持着距离，不敢超越，生怕头狼会斥责或撕咬自己这个等级低下的家伙。

想到这样一个场景的时候，你会觉得有什么地方不妥吗？还是让我来告诉你吧，这整个画面都是错的！发生在拉马尔山谷的真实场景是这样的：

12 只狼穿谷而行，走在最前面的是狼群中的青壮年，它们体格强健，在厚厚的积雪中踏出一条通道，以帮助跟在它们后面的头狼夫妻节省体力；头狼后面是"女生们"，它们步履悠闲，就像在逛街购物；而在队伍最后拖拖拉拉的则是幼狼，它们慢腾腾地跟在后面，一会儿东闻西嗅，一会儿招兔逗鼠。突然间，狼群像得到了命令一般，全部停了下来，朝着一个方向望去。我也追随它们的目光看过去，可惜我什么异常也没发现。不过，狼群显然是发现了什么潜在的危险。因为撞上了前面急停下来的大哥，所以连队伍最后面的小家伙儿们也能感觉到情况不对劲，空气中充斥着紧张的气氛。前面负责领路的成员，此时退到一旁，头狼夫妻在大家的注视下毫不迟疑地来到了队伍最前面，带领狼群继续前行。成员们则整队跟在后面，就连小家伙儿们此刻也严肃起来，不再自由散漫了。

这才是我看到的真实画面。没有争吵、逃避，或是少数服从多数那一套，有的只是头狼的绝对权威和义无反顾的担当，堪称领导艺术的典范。

我之所以会否定开篇的描述，而回想起自己亲眼见到的画面，正是因为当下大家都推崇的阿尔法管理原则（Alpha-Principle）。"α"（阿尔法）是希腊语的首字母，寓意开始或第一。人们习惯把等级地位最高的狼称作"阿尔法狼"，有人花大价钱报培训班，去专门学习"狼的领导艺术"。他们在周末前往狼舍，去观察"阿尔法狼"如何领导自己的狼群。这简直太荒谬了，因为就算是狼自身，也需要用一辈子的时间去学习如何带领狼群。所以，人们怎么可能通过一个周末班，就学会做个好妈妈或者好领导呢？

在狼舍里学习也不是一个好的选择。如果你真的想感受狼群的管理艺术，就应该到大自然中去，观察真正的野狼。你会看到：领导狼群的往往不是最高大、最强壮或最勇敢的狼，而是那些个性鲜明的狼。在一些特殊场合，狼群中的某个成员会凭借自身的长处成为狼群的代班领导，在当地，有时领导大家生活的甚至是些年纪轻轻的家伙，而头狼并不会因此就觉得颜面受损。

在狼群中，领导地位的获得从来不是依靠暴力。野狼并不像人类，因为害怕丧失权力而不停地自夸或挑衅，其实这恰恰证明了此人不具备领导才能。

对于领导狼群来说，最重要的是经验。发生特殊情况时，有经验的狼会做出决定，而整个狼群都要无条件接受，例如，在狼群遇到危险的时候，做出决定的就会是头狼夫妻，因为它们的生活经验更加丰富。所以，管理其实是个很个性化的东西。

要想被家族成员认可，除了经验以外，智商和情商也是必不可少的。等级高的成员更有责任维持成员间友好和谐的气氛，因为这有助于家庭的团结一致。对于一只成熟的头狼来说，因为享有积威，它根本用不着事事斡旋。在告诫别的狼什么能做，什么不能做的时候，头狼的手段往往简单利落：用眼神逼视，用咆哮威胁，或是干脆堵在对方的路上。

狼群中处于领导地位的狼压力最大，研究证明，它们的粪便中会出现糖皮质激素的残留物，而这种激素正是在身体处于长期的压力状态下，才会分泌过剩的。用时下的说法就是：责任越大，压力就越大、越持久。这将导致机体的免疫力下降、繁殖能力减弱、寿命缩短等。所以，就算是出于自身利益的考虑，成熟的头狼也会致力于维护狼群内部的和谐。而明确的规则、是非标准的确立，仪式性活动的操练以及准确的行为规范都是狼群内部必不可少的。

在狼群的领导问题上，还有一件事似乎是大家想不到的，那就是雌性头狼拥有决定权。这里并不是指女性的投票权，而是指原则上，重大决定都是由头狼夫妻共同做出的，但雌性头狼拥有最后的定夺权。即便狼群中有所质疑，包括雄性头狼在内，也都必须接受。

大多数雌性头狼的地位是世袭得来的，头狼妈妈的女儿经常会成为新的雌性领导者，因为"她"经历了母亲的言传身教。

头狼夫妻大都相伴终生，除非其中一位先死掉，才会有新的继任者填补空位。而继任者之所以能得到整个狼群的肯定，往往也是因其具有出色的社交能力。所以，人们看到的那些为了争夺领导地位而进行的杀戮一般发生在狼舍里，而在野狼群中则极为罕见。在二十多年的野外观察中，我不过就看到过两起这样的事件。这其中的一起命案，因为雌性头狼死于自己的狼群，可谓轰动一时：彼时德鲁伊狼群的雌性头狼是个铁血独裁者，"她"先是赶走了自己的母亲和一个妹妹，然后又残暴地对待自己的另一个妹妹，杀死了它的幼崽。我把那只遭受虐待的母狼称作辛德瑞拉（Cinderella），也就是"灰姑娘"。头狼的残暴搅乱了狼群的气氛，且愈演愈烈。第二年，独裁的姐姐又跑到辛德瑞拉生产的洞穴，妄图再次杀死妹妹的幼崽。这一次，愤怒的狼群暴动了，它们杀死了自己的雌性头狼。而辛德瑞拉在小狼六周大的时候，接替姐姐成为德鲁伊家新的雌性头狼。令人吃惊的是，辛德瑞拉收养了残暴姐姐的 7 只小狼，以及另外一只母狼的孩子！德鲁伊狼群一下子成为拥有 29 只狼的大家庭，其中 21 只是幼狼。虽然残暴的独裁者曾经让整个狼群生活在水深火热之中，但成员们对它死后留下来的孩子却充满了同情。其实不到万不得已，狼群不会轻易地舍弃自己的雌性头狼。虽然我在这里举了一个反证，但正是狼群做出了取舍，才让德鲁伊家再次团结一致。

狼群极其重视内部的和谐，头狼的领导原则中最基本的一条就是：拒绝分离，维护家庭的团结统一。这也是我希望能从政治领袖身上看到的品质。不论什么时代，暴君都不得民心，在"女暴君"的统治之下，忍无可忍的德鲁伊狼群终究爆发了。经历了风风雨雨，辛德瑞拉作为宽容待人的新领袖脱颖而出。后来，它与雄性头狼相亲相爱地生活了很多年，直到离世。

以前，人们把等级地位最高的狼称作"阿尔法狼"，认为它领导狼群，决定一切。其实，这个说法早就被更正了。在野外的观察研究中，人们已经不再使用这个叫法，取而代之的是"处于领导地位的狼"（头狼）或者"狼群的大家长"。"阿尔法狼"的叫法来自圈养狼的观察研究。我们前面说过，"α"（阿尔法）是希腊语的首字母，寓意开始或第一，"β"（贝塔）是第二个，而"ω"（欧米伽）则是最后一个。

以前，人们没有条件像现在这样在野外观察狼群。研究者甚至一度认为，狼这种动物只在冬天才偶尔结伙形成狼群，以方便猎杀大型动物。为了能更好地研究狼群，人们把动物园里的狼圈到狼舍。

人为随意地把狼聚集起来圈养，结果就造成了它们之间的争斗。而狼群也因此形成了一种优势主导的等级制度，就好像鸡群里的啄食顺序。研究者甚至为此确定了术语，即"阿尔法狼"，该术语及其含义随后被传播使用。直到最近二十年，狼群的内部关系得以重新研究确认，该术语才被更正。

术语的变化正反映出我们对于狼的社会行为的重新认识。今天，我们已经知道：狼舍里圈养的狼，其行为不是狼的典型行为方式。它们像被关在监狱里的犯人一样，不管怎样都得生活在一起。所以，它们的行为和野外自由生活的狼是不一样的。它们不能走出狼舍，不能和喜欢的异性交配，就连狩猎也不可能。如果一个群体中的成员都只能对着彼此发泄，那最终的局面必然是形成监狱里那种典型的优势主导等级制度，上从统治压迫其他人的"α"，下到凡事都被暴打的倒霉蛋"ω"。

其实，我并不想在这里谴责那些狼舍，因为有一些在控制出生率和人工饲养方面做得还不错。我认为必须要有足够大的地方让动物们隐藏、挖坑和洗澡，这些应该是狼舍必备的。但我同样在那里看到被群体攻击撕咬、充满恐惧的"欧米伽狼"，它们无处可逃，也没有被隔离开来。我曾经和一位狼舍的经营者谈到受伤的狼的境遇，他竟然说："大自然中不也是如此嘛！"真是对狼的习性无知到令人震惊，亏得动物们还都和他很熟。毋庸置疑，狼舍对于人类研究狼的肢体语言做出了巨大的贡献，但是它们对于研究狼的社会行为却毫无裨益。

长久以来，关于狼群领导和头狼统治的故事被传扬得神乎其神：什么"阿尔法狼"决定和统治着一切，它们带领群狼狩猎，优先享受猎物，只有它们拥有交配权等。但这些"神话故事"里说的最终都被野外观察研究推翻了。

就以"阿尔法狼"才有交配权为例，大家对这一点的认识简直根深蒂固。但事实是，黄石公园大约1/4的狼都有自己的伴侣，狼群里的母狼都会产下幼崽，大家一起抚养它们长大。如果领地够大，

德鲁伊狼群的雄性头狼 21 号

食物够多，那么狼群的"人口"会一再增加。就像我们之前提到过的德鲁伊狼群，它们发动革命，杀死雌性头狼，也是为了保证狼群的持续繁荣。

我曾经在一个交配季，即某年二月份的一天，观察到一个狼群里的几只母狼与偶然路过的一只公狼交配，那真是个"幸运"的家伙啊！等到春天，狼群里有四只母狼在自己的洞穴里产下幼崽，当上了妈妈。当狼群出去狩猎时，这些狼崽则被集中到一个洞穴里面，由一个保姆照顾，这样既节约了"人力"资源，又能确保有更多的狼参加到狩猎中去。

我们之前提到过德鲁伊狼群的雄性头狼 21 号，它是黄石公园头狼的杰出代表。我曾经看见它以一敌六，打赢了入侵的敌狼，英勇地捍卫了自己的狼群。生物学家里克·麦金泰尔（Rick McIntyre）总喜欢把 21 号比作拳王阿里或是飞人乔丹，认为它是一只天赋异禀的狼。不过就算是一只最普通的狼，也比人厉害多了！

"超级狼" 21 号的父母来自加拿大，1995 年迁居黄石公园。21 号及其兄弟姐妹是它们父母的头胎后代，也是七十年来，黄石公园里出生的第一批野狼。不久，21 号的父亲被偷猎者射杀，生物学家将 "单亲妈妈" 和孩子们带回了狼舍短暂生活。在那里，每当有人类进去投喂，其他狼都会躲到后面的角落里，唯独我们的小 "超级狼"，会爬上土堆，站在群狼之前，与两条腿的 "敌人" 对峙。"超级狼" 后来被放回了大自然，脖子上戴着无线项圈，编号 21。在两岁半的时候，21 号加入了德鲁伊狼群，当时德鲁伊刚刚失去头狼，21 号很快就成了它们新的领袖。作为大家长，21 号对待家人异常温柔。每次狩猎后，它都会让其他成员先享用大餐，自己则在一旁趴下休息，这让它得到了狼群里异性的爱慕和孩子们的喜爱。

21 号是一只非常自信的头狼，它知道自己要什么，也知道怎样做才会对家庭最有利，它能安抚整个狼群的情绪。

我也看到过 21 号宣示主权的场面，那是在一个交配季，一只公狼企图与 21 号竞争，并接近它的伴侣。21 号一下子站起来，眼睛死死盯着对方，嘴里发出咆哮的威胁声。当它向对手冲过去的时候，对方早已卑怯地仰面倒在地上了。

优秀的头狼是家庭成员学习的榜样。21 号身上有两个最为突出的优点：第一，勇敢，它从没输过任何一场战争；第二，宽容，它从没杀死过任何一个竞争对手。每次面对竞争，它都只是宣示主权，然后大度地原谅失败者。

21 号为什么不杀死失败者？从生物进化的角度来看，大自然优胜劣汰。在资源匮乏的时候，为了物种的延续，等级高的成员对配偶和食物享有优先权，其生存已经较其他同类容易多了。

可惜，在人类世界里，大多数人太看重地位，希望被别人重视和认可。这种社会认可像毒品一样，诱惑着人们为达到目的而不择手段。其实，让我们感到幸福的快感的，不过是大脑里分泌的多巴胺、啡肽类物质和催产素，它们分泌得多，我们就会感到幸福，与其他无关。

有时候，狼和人一样，也会因为情况特殊，被不情愿地"赶鸭子上架"。还记得我们前面提过的卡萨诺瓦吗？就是那只不仅赢得母狼芳心，还被德鲁伊狼群接纳的孤狼。它当时是有可能被杀死的，但最后只挨了头狼的几次驱赶和轻揍，最终就成了狼群的一员。

头狼在 9 岁的时候去世了，德鲁伊狼群期待卡萨诺瓦能够成为它们新的领袖，但是卡萨诺瓦推辞了，让老头狼的弟弟接替了位置。因为这个万人迷太了解自己了，无意担任领袖。它还知道，自己对女生的兴趣大于为家族谋福利的热情。所以，它更喜欢自由自在的生活。

卡萨诺瓦并不在意权力，因为它对别的事情更感兴趣：它生性乐观，最喜欢在交配季离家出走，"慷慨"地和邻家狼群共享自己强大的基因。在一路播撒情爱之后，它还是会回到德鲁伊狼群。虽然比起战斗，卡萨诺瓦更爱当"情圣"，但这个家伙还是值得信赖的。只要狼群需要，它都会出现，不论是驱赶入侵的敌人、外出狩猎，还是帮忙照顾孩子。当狼群遇到危险的时候，不管身在何处，卡萨诺瓦都会像游侠骑兵一样出现在大家面前。只是它对领袖的地位没有丝毫兴趣。

但就是这样的卡萨诺瓦，却在自己8岁的时候做出了"惊人壮举"：当时德鲁伊狼群的所有雌性都和它有了亲缘关系，为了避免近亲繁殖，卡萨诺瓦再次出走。这次它带上了自己的5个侄子，与附近家庭的5只年轻母狼一起前往自己最初生活过的栖息地。这个从来不想当头狼的家伙，一下子建立了自己的家庭，共有11名成员。到2009年10月卡萨诺瓦去世之前，除了在交配季，它依然会出走以外，其他时候，它都把自己的家管理得很好。在黄石公园，卡萨诺瓦是许多小狼的爸爸，但是直到它去世的那一年，它才有自己的孩子在狼群里出生，那孩子长得跟爸爸一模一样：皮毛黝黑、身材高大、个性独立。

就连卡萨诺瓦这样从不愿承担责任的狼，最终也成了自己家庭的领袖。不过，这种华丽转型的机会一定是留给有准备之人的。若你有一颗上进的心，并在成长中不断学习，积累经验，那么你就有可能成为杰出的群体领袖。

头狼其实也不都是又帅又酷、信心十足、睿智无比的，它们也会犯错，也会在危险的时候惊慌无措，甚至做出错误的决定。就像加拿大野生动物学家保罗·C.帕奎特（Paul C.Paquet）在报告中总结的那样："头狼也会犯蠢。"不过，这些并不会影响头狼在狼群中的威望。

我个人也是通过向狼群取经，才学会管理的。我最初的"领导"

生涯是在夏天兼职做导游，因为当作家的收入实在太微薄了。刚开始带团的时候，我希望自己的团员们都能和谐相处，在我的团里感到舒服，所以我非常民主地让游客们参与日程安排。可仅仅是因为"今天想看什么？""明天几点出发？"这样的小问题，大家都会吵个不停。于是，我很快放弃了最初的想法，坦然地决定由自己安排一天的行程。结果呢？团员们都很满意，一点抱怨都没有。尽管一开始我觉得责任重大，不敢独立安排团队的行程。但是，我向头狼学习，基于自己的权威做出决定，而团员们也欣然接受了，因为大家相信我的经验会帮他们做出最佳的选择。这就是我从观察狼群中学来的经验。

当它扑向我，用它粗糙的舌头舔舔我的脸时，整个世界静止了

DER WÖLFE

DIE WEISHEIT

DIE
WEISHEIT

DER
WÖLFE

每个人的心里都潜伏着一只狼
当面对孤独、成长、爱与抉择的时候，
它就会呼啸而出

我们如此欣然去往广漠的自然，是因为它从来不予我们任何评判。

弗里德里希·尼采（Friedrich Nietzsche）
德国哲学家

雌狼的优势

女性和狼之间的天然联结

每次给大家做报告时，我都会提问关于狼的问题，其中我最喜欢问的一个就是："大家觉得在狼群中，头狼夫妻在对重要的事情做决定时，最终谁来拍板儿，是雄性头狼还是雌性头狼呢？"

听众们的反应，也正如我所预料的那样：女人们用胳膊肘捅捅身边的男人，坏兮兮地一笑，而男人们则无可奈何地看向天花板，嘴里叹息道："对，对，和咱家一样，女人做主！"时过境迁，近年来我在给小学生们做报告时，竟然发现他们对这个问题也很兴奋，都异口同声地回答道："当然是妈妈，妈妈才是家里的老大！"

事实上，在狼群里也的确如此：虽然头狼夫妻共同决策，但那些至关重要的事情，比如什么时候狩猎、在哪里进行、采取何种猎杀方式、产崽的洞穴挖在哪里等，都和人类一样，由族群中等级最高的雌性做出决定。在狼群中，雌性头狼会根据自己的需求来确定事情的重要程度。它利用交配，把一只或数只公狼紧紧地拴住，这样既有狼保护它和孩子们，也有狼为它们去捕猎，所以雌性头狼才是狼群真正的主人。当然，在狼群中公狼和母狼也难免会发生冲突，每个大家庭不都这样嘛，我就看到过，母狼狠狠地撕咬公狼，或是公狼把母狼臭揍一顿。但这种事情，与性别、等级无关，通常只发生在特定的情况下，比如幼狼们打闹，离它们最近的哥哥或姐姐出面维护秩序。

在黄石公园曾经出现过许多伟大的母狼，其中就有一只堪称传奇，只是它死得令人惋惜。

因为出生在 2006 年，我们就叫它"06"，对于生物学家里克·麦金泰尔来说，"06"是狼群中的安吉丽娜·朱莉。每一个见过它的人都会被它吸引。美国《国家地理》曾经拍摄过"06"的生平，在影片中它被称作"She"。两岁大的"She"首次出现在拉马尔山谷时，它的与众不同就立刻吸引了我们：对于流浪的母狼来说，要做的第一件要紧事就是找一个伴侣，然后生儿育女。但是，"She"却一点也不着急。从前一年冬天一直到来年的交配季，期间共有 5 只公狼追求过"She"，这种情况在平常并不多见，而且"She"拒绝了体形高大健壮的追求者，最终选择了一对兄弟，并与这两只年轻的公狼组建了家庭。

生下小狼后不久，"She"就离开了洞穴去狩猎。十分钟里，它独自杀死了两头母鹿，而公狼们只是在一旁看着，好像母狼正在教它们如何狩猎，接下来的几年里，"She"对所有的家庭成员一直都是这样做的：演示生存技能。

"She"是黄石公园历史上最优秀的猎手之一。通常，整个狼群都会参与狩猎，因为每只狼都有自己的任务——合围、追赶、攻击——直至头狼发出最后的致命一击。但"She"却与众不同，它喜欢独自狩猎，偏爱与猎物正面交锋。要知道，一头重达三四百千克的公鹿在遭受攻击的时候，会拼命反击，它会抬起前蹄试图把进犯者踏死，或是用鹿角将其挑到空中去。

虽然会身处险境，但"She"的狩猎技巧无疑是一流的：它紧紧地贴着猎物奔跑，然后高高跃起，猛然间扭头咬住麋鹿的咽喉，将其一击毙命，哪怕是在湍急的河水中，它也能如法炮制，获得成功。

我就亲眼看到过"She"在河岸上攻击一头母鹿，它们双双从斜坡上滚进河里，麋鹿把狼头压入水中，想迫使"She"松开紧咬着它咽喉的嘴，而"She"竟然能在麋鹿身下挣脱，并用尽全力反将麋鹿的头压入水下，短短几分钟后，麋鹿就被溺死了。"She"接下来遇到的难题是，如何把死鹿拖回去，这可是全家老小果腹用的。令目击者们意想不到的是，"She"竟然把麋鹿拽到深水处，任其顺流而下，直到在一处沙洲搁浅，然后"She"轻松地将死鹿拖上了岸。这一切都证明，"She"清楚地知道自己要做什么，它的每一步动作都是谋定而动，从而保证了自己及家人的衣食无忧。

就连最有经验的生物学家也会被"She"的智慧所折服。作为黄石公园狼项目组的研究组长，道格·史密斯（Doug Smith）负责给狼安装信号器，而给"She"装信号器的事情令道格啧啧称奇。他告诉我们："三年来我一直尝试从直升机上向'She'射麻醉针，然而每次它都能成功逃脱。"每个星期，专家都会带上麻醉枪，乘塞斯纳

黄石公园里的超级巨星"06"，也就是"She"

（Cessna）飞机进行巡检。通常，狼群听到直升机的轰鸣声后，便会四散逃开，因为它们可以分辨出这种单引擎飞机的声音。

但是，"She"却不会跑开，它就站立在原地，抬头直视生物学家，一脸的蔑视和鄙夷，好像在说："你是捉不到我的。"然后，"She"就消失在丛林中、山岩下，而道格·史密斯也的确是花了三年时间才成功地抓住它。

2012年12月，"She"犯下了一个致命的错误。它第一次，也是唯一一次跑出国家公园保护区。在怀俄明州，那天刚好是狩猎季的最后一天，"She"成了那一季最后一只被射杀的狼。

虽然"She"的故事结束了，但关于它的传奇依然在继续：在"She"死后，我收到许多人的来信或电邮，这其中绝大多数是女性，有些人在黄石公园里见过"She"，也有些人只是听过"She"的故事，她们都对这只母狼的伟大深表认同。

经过数年的研究，我得出一个结论：狼的世界等于女性的世界，因为大部分喜爱大型犬科动物的人是女性。在我的读者中女性占多数，随我组团观察狼群的人也是如此，这是为什么呢？

不同的人见到狼这种动物时，反应不一样。同样，狼对人的反应也不一样。20世纪90年代初，我在狼园里实习，学习动物行为学，当时可以进入狼园的人并不多，摄影师蒙蒂·斯隆（Monty Sloan）是其中一个。他个子小巧，温柔又友好，没有那种大男子主义行为，狼都很喜欢这位摄影师。每次他进入园区，群狼都会亲密地把他围在中间，享受他的爱抚，舔他的脸以示亲热。

当时，除了实习生以外，助养人也被允许进入狼园，摸一摸"自己"的爱狼。有一次，来了一位身材高大、年轻健壮的男士，看得出来，他是那种每天都在健身房里锻炼的大块头。他把自己的朋友们拉到狼舍外，并夸下海口说，他要让群狼知道谁才是这里的王。然而，刚陪他走过双重保险门，我们就已经看到他的额头在涔涔冒汗了。

群狼和平常一样，见到我们就兴奋地冲过来。我们知道如何正确地应对：双脚踏实地面，站稳保持平衡，在享受狼的亲吻的同时用手去挠它们的肚皮。但我们没料到的是，群狼突然在"大块头"面前停住了，甚至有两只狼僵立在那里，鬃毛林立，耳朵向前立起来，谨慎地打量着他。狼必须能正确评估潜在的猎物，因此它们都是极善观察肢体语言的动物。显然，此刻它们认为"大块头"是可怕的，这只"两脚动物"的行为并不符合它们往日的习惯，群狼因此觉得不安全。

"大块头"试图在狼舍里摆摆威风。

"嘿，过来！"他冲着群狼粗鲁地喊道。

结果，狼被吓得夹着尾巴往后一跳，栅栏外他的朋友们一阵起哄。

这时，头狼已经结束了和摄影师蒙蒂·斯隆的亲昵，正在用怀疑的目光盯着这位陌生的访客。它小心翼翼地靠近，用狼的方式试探：它用嘴咬住访客的衣角扯他。"大块头"想让头狼松开，大喝一声："滚开！"谁都知道，如果想以这种方式把一只重50千克的狼撵走，那简直是徒劳。狼园的工作人员仿佛已经看到了接下来将会发生的事：头狼继续撕扯，紧接着就在这位访客身上留下几个美丽的牙印。同事们赶紧介入，并领着这位"大块头"出去。直到"外人"离开，群狼才又安静下来。可问题是，它们对待摄影师和助养人的态度为什么会如此不同呢？

根据我的观察，绝大多数女性，在看到狼的时候，都不会感到恐惧。她们甚至会高兴，也许她们发现，自己身上有着和狼相似的地方。女性与男性的处事之道不同：她们不怕向别人暴露自己受到的伤害，她们没有大部分男性所拥有的强烈的征服欲；而对于男性来说，别人对他们的看法至关重要，作为要去"征服"的人，男性不会靠降低自己身价或者委曲求全来达到目的，他们认为这样做是目光短浅的。

然而，事实却并非如此：前面提到的那位大男子主义者，以威胁又极危险的方式接近狼。他高高在上，俯视它们，用低沉的嗓音呵斥它们。别说这样会吓到对面的狼，就是换成女人，也不会对他留下什么好印象的。而摄影师的表现却与大男子主义者正好相反，他对群狼说话的时候柔声细语，他跪在它们中间温柔地抚摸它们，因此他受到了群狼的喜爱。

后来，我有机会在黄石公园做观察研究的时候，也发现越是那些安静的或较为拘谨的人，越能幸运地接近狼，而那些安静的人大部分是女性，或是面对野生动物经验丰富的摄影师。大多数女性在和动物打交道的时候，会本能地克制自己，耐心地观察和等待。而男性则喜欢扯着大嗓门讲话，习惯去控制，占有主导权，和狼比起来，男人们其实更喜欢熊。

那么，狼身上到底有什么让女性如此着迷呢？难道是不可征服的野性吗？埃里克·茨曼（Erik Zimen）是德国著名的狼研究专家，在一次谈话中，我们聊到狼和女性的话题，他告诉我："从表面上看来，历史上的女性和狼都处于被压制地位，但事实上，她们才是真正的强者。"

认真思考一下，我们就不难发现，女性在狼的驯化过程中发挥着重要的作用：如果没有她们，狼是不会被驯化成狗的。当然，也有不少理论认为，男性在狼的驯化过程中，发挥的作用更大。在饥荒年代，狼被男人猎来，成为人类食物的来源，或是被驯化为男人打猎的帮手。

我在狼园工作的时候抚养过狼崽。为了让它们更加社会化，打小就开始培养它们相信人类，我们工作人员会将小狼尽早地与母狼分开，并担任它们的奶妈：我们用奶瓶给小狼喂奶，给它们清理卫生，抱着它们一起睡觉。几周后，再把小狼带回原生家庭。我们所做的这一切并不是驯化（驯化过程可需要上万年的时间），而是早教，这样小狼成年后就不会害怕人类，这将大大降低喂食和圈养的难度。

试想，很久以前，驯化之初，男性能对一只小狼产生如此深刻的影响吗？答案是绝不可能！那时候连能够产奶的家畜都没有（绵羊、牛、山羊、猪的驯化都要晚于狼），只有女人有奶水。所以，最初肯定是一个女人，把一只小狼抱在怀里，给它喂奶。也许这个女人当时只是因为奶水过多，或是对被遗弃的、可怜的小狼动了恻隐之心。但她哪里知道，自己的这一举动却引发了人类历史的变革：狼被驯化，在这之后又有诸多可以为人类效劳的动物被驯化，人类的角色从猎人转变为牧人，人类历史由此翻开了新的篇章。

也许时至今日，女性们依然以某种神秘的方式记得她们在驯化过程中所扮演的特殊角色，也因此对狼怀有一份特殊的亲密情感。

在我刚开始研究狼的时候，曾与埃里克·茨曼讨论过，如何评价狼的性别差。当时，茨曼教授正在巴伐利亚国家森林公园的狼舍里，研究圈养的狼。所以，当这个由9只狼组成的狼群集体越狱出逃的时候，茨曼教授很快就听到了当地居民对此事的反应：男人们（猎人、警察、士兵）在追杀，而女人们做的却是截然相反的事，她们在各大媒体上呼吁不要杀死狼，让它们活下去。一位女士这么写道："不是狼威胁了人类的生命，而是我们威胁了它们的生存。"还有一名住在慕尼黑的女性声称，她在卧室听到窗外有狼嗥。茨曼教授问她，为什么肯定那是狼的叫声，她回答说："因为那叫声听起来特别凄惨！"

就算是在今天，如果有狼出现，男人们发出的声音依然是拒绝："赶走它们！""休想在我们这儿待下去！"而女人们被唤醒的却是与男人们相反的保护欲和同情心，也许还有她们内心深处对野性的最后一丝渴望。

动物行为学家和心理分析学家克拉利萨·品卡罗·埃斯蒂斯（Clarissa Pinkole Estés）认为，在每位女性的心中都沉睡着一只"母狼"，它是女性原始本能和直觉判断的守护神。她的畅销书《与狼共奔的女人》（*Women Who Run With the Wolves*）*写道："女性必须舍弃她们被驯化后的所有特质：慈爱、友善、配合、顺从、乖巧和甘于依附男性。她们只有重新回归到女性直觉的境界，找回原始的野性，成为一名'狼女'，才能拥有强大的内心、健康的体魄、富有创造力和治愈能量，并最终获得幸福。"

不论你是否赞同克拉利萨的这种说法，但除了狼，的确没有哪种动物的社会性能与人类相媲美。也许正是深知狼与人的本质相通，那些原始民族才会把狼当作自己的祖先或图腾：众多北美印第安部落将狼视作他们的先辈；在古老的传说中，伟大的蒙古君王成吉思汗也是狼的后裔；就连罗马建城不是也要感恩"母狼育婴"吗？显然，女性作为人类生命的起源，与狼作为野性的代表，这二者在神话中紧密相连。

在神话传说里，狼总是和人类的两个特质有关系：一个是恐

---

* 德译名为 *Die Wolfsfrau*，即《狼女》。——译者注

惧，另一个是控制欲。男性会恐惧那些他们不能控制的东西：不能征服的大自然、独立自主的女性或者森林中的野狼。这和女性会害怕幽暗的森林、暴力的男人和凶恶的野狼一样。人类早期的这些恐惧并非无迹可寻，且还会蔓延滋长。因为恐惧有发挥作用之处：它驱使人类去征服那些不甘屈服的事物。

在许多耳熟能详的童话故事里，我们都可以读到这种人类与恐惧博弈的游戏，例如《小红帽》中的典型角色就可以这样来解读："小红帽"代表了被大叔诱骗的小女孩，这个大叔先是吃掉了小女孩的外婆，然后又吃掉了小女孩。在心理学上，这里出现了性别置入，当时的人们，是想通过这个童话来教育小女孩不要和陌生男人讲话。在格林童话版本中，"小红帽"被贪婪的狼诱骗后，最终被猎人所救。而"小红帽"的恐惧，也是所有女人和女孩的恐惧，正好被男性用来证明自己特权的合理性。因为人们的确害怕森林里的狼，这样他们就会肯定猎人所起的作用，而猎人所代表的男人及男性气质就不会遭到质疑，从而使男性在性别竞争中获胜，并帮助他们建立起统治地位。

童话中的"小红帽"和狼最终所领悟的，恰恰是现实世界中女性和狼的真实境况：男人被视作猎人和统治者。这大概也可以用来解释，为什么狼和女性在本质上是相似的：很显然，女人和狼都是被压制的一方，是历史上男人的从属者。但事实上，她们才是强者，正是她们克服了恐惧，才得以获得真正的自由与独立。

年轻时，我们学习；年老了，我们才懂得。

玛丽·冯·埃布纳–埃申巴赫（Marie von Ebner-Eschenbach）
奥地利作家

老狼的智慧

家有一老，如有一宝

在野外自由生活的狼，通常寿命只有 9~11 年，而圈养的狼可以像家犬一样，平均寿命达到 15 年左右。和年老不禁寒的人一样，狼老了也会这儿痛那儿痒，变得耳不聪目不明。在进行巡视领地或狩猎这样耗费体力的活动后，老狼需要更多的时间来恢复体力。天气也会给它们带来折磨，狼本来就喜冬雪严寒，耐不了暑热，高温对于老狼来说更是不堪忍受，害得它们整日都得躲在树荫下。

随着年龄的增长，狼还会受到更多的伤害，特别是在狩猎中。蹄类动物如驼鹿、野牛都懂得如何反击狼的进攻，这使得狼的肋骨或其他部位极易骨折和受伤。长时间的病痛导致狼的身体日渐衰弱，最终会影响到狼的牙齿，让它们像老年人一样，再也无法用牙咬住、杀死猎物。

这时，具有社会性的"家庭制度"就开始发挥作用了。狼本来就是极灵活的动物，适应新环境的能力极强，所以其他家庭成员会自然而然地扛起老狼的大部分责任，特别是在狩猎中。而对这些已经"退休"的老狼，家族将不再苛求什么，它们要做的只是从例行公事中淡出即可。

但与人类不同的是，老狼会被视为等级地位较高的成员，享受家庭的尊重和优待。没错，你现在读到的这些才是狼群的真实情况。它们就是这么完美，不仅重视女性，还会善待老者。

即使老狼不能再冲锋陷阵，但它们对于整个家庭的意义依然非凡。在与其他狼群争夺领地的时候，老狼是制胜的王牌。只要有老狼在，狼群狩猎获胜的概率会是150%，即便它们体格不再健壮，很少直接参与捕猎。其实就算它们参与了，狩猎时也还是要依靠年轻力壮的家伙们。那么，老狼的法宝到底是什么呢？

经验，是经验使得老狼身价百倍。它们在一生中曾多次遭遇对手，亲眼看着同伴被杀死，当然它们自己也杀死过其他的狼。它们懂得避免没有胜算的争斗，才使自己有机会活下来。狼群中只要有一只老狼，就意味着，整个狼群都可以从它过往的经验中受益。所以，哪怕是几只狼的小家庭也能凭借这股力量打败大的狼群。

关于老狼，我在黄石公园看到过一个典型的例子：银色狼群（Silver-Rudel）的头狼上年纪了，一只年轻的公狼试图获得狼群的认可，取而代之，却屡遭头狼驱逐。一天早上，我突然发现那个年轻的家伙成了头狼，而被它替代的上任头狼也表现得尤为顺从。在这之后，年轻的头狼不仅允许老头狼继续生活在狼群中，还十分尊敬它。在老狼受伤的时候，年轻的头狼甚至为它舔舐伤口。老头狼在狼群中作为颇受尊重的成员度过了余生，而整个狼群也获益颇丰，因为老头狼是掌握猎杀野牛这项艰难技艺的"大师"。

就在新老头狼更替后不久，整个狼群外出狩猎——除了新的头狼，它对于自己担起的新责任太过激动，结果睡过了头，没能赶上狼群动身——狼群遇到了一头瘸腿的野牛，退休了的头狼清楚地知道应该怎么做：它跑过去，一口咬住野牛的尾巴，不管野牛怎样拖拽都不松口。老头狼的做法使野牛无法再像往常那样进行自卫，从而为其他狼的进攻创造了条件。后来，野牛还是挣脱了狼群，跑进了岩石的夹缝里，只把长长的角露在外面。对于野牛来说，这真是个绝佳的防守位置，不过那得是在没有老头狼的情况下。而现在，只见老头狼围着岩石一边跑，一边仔细观察，然后突然一口咬住了野牛的后腿。野牛为了防卫在夹缝中转动身体的时候，老狼就会松嘴跑开，然后一切从头再来。不知不觉中，老狼再次担起头狼的重任，最终带领狼群杀死了野牛。

这时，年轻的头狼才悠悠醒来，它嗥叫呼唤着，迎着狼群的回应游过河，跑来共享那500千克重的野牛盛宴，权当这一餐是它把老头狼留在狼群中的回报吧！

试问人类又是如何对待老年人的呢？和狼相比，今天的我们可曾敬重过老年人在生活中的价值？我们甚至没有时间去照顾他们：在以前的大家庭中，老人可以生活到去世，但这样的大家庭已不复存在，现如今的生活状况迫使我们把那些年老的、需要照顾的家人安置在养老院或疗养院中。看到他们，我不禁感到难过。

但在那些未开化的原始部落里，老年人是被尊重的，并且有权参与部落的决定，因为他们的意见十分宝贵。在职场中，人们也会看重老员工的价值，他们知识丰富，几十年的工作经验使他们成为不可低估的资本；他们业务娴熟，了解操作流程，仅利用自己丰富的经验，就能把新项目搞得风生水起。思考有谋有略，论证条理清晰，而且乐于分享，这些都是他们的优势。此外，他们对工作不仅在细微处审慎，更可以从全局上把控。这些"享寿族"的经验令整个团队都受益匪浅。

　　而我所提到的这些经验与素质，是连狼也懂得珍视的价值。

沟通最大的问题，就是错觉的产生。

乔治·萧伯纳（George Bernard Shaw）
爱尔兰剧作家

狼的沟通艺术

一声狼嗥建立的信任

多年来的荒野生活，让我可以经常听到狼嗥。但是最打动我的，还是第一次听到狼群合唱。那是在1991年寒冷的11月份，我刚刚搬进明尼苏达州的林间小屋。木屋外面就是狼群的领地，我能看到狼在远处跑过结冰的湖面。一天黄昏，我打算模仿狼叫，希望通过狼群的回应来确定它们的数量，顺便也检验一下自己的"狼语"水平。

我站在湖边，冻得瑟瑟发抖，一边模仿着狼嗥，一边紧张地听着。可惜除了偶尔听见因寒冷牙齿打战的声音以外，没有听见其他任何声音。时间渐逝，我最终还是等到了期盼的回应：第一声狼嗥从森林里传出来，那声音最初是低沉的，然后越来越高昂，穿过身体直击我的心灵。然后，森林的另一面也传来了回应。到最后，狼嗥声此起彼伏，洪亮的、深沉的、清脆的、歇斯底里的以及听起来像在欢呼的声音。我被这歌声包围，如同身处维罗纳的露天剧场、米兰斯卡拉歌剧院，抑或纽约的大都会。为了能永远记住这歌声，我感觉我的每一个毛孔都在努力地把这首歌吸进身体里。这是我在自己的"观狼之旅"伊始，收到的最棒的礼物：在野狼的领地，和它们共和一曲。

对于我来说，狼嗥是大自然里最动听的歌声。通过叫声，野狼向敌人宣告领地、呼唤生死不明的家人、召唤爱慕的异性，抑或巩固自己的地位，而狼群的合唱则可以增强家庭的凝聚力。

还记得有一次，我在黄石公园观察了一天，之后到加德纳（Gardiner）的一家餐厅吃晚饭。我点了汉堡，在等餐期间，我注意到邻桌的一家人，那是一对父母和两个孩子，男孩大概 14 岁，女孩大概 10 岁。他们每人都拿着苹果手机，男孩手里竟然有两部。一家人都忙着刷屏、看新闻、读邮件，连放在面前的食物都顾不上吃。就算吃，他们也是狼吞虎咽，眼睛始终盯着手机屏幕。等他们吃完了，便只专注于面前的手机了。除了点餐时的那点交流，这一家人彼此间再没有互动，每个人都沉浸在自己的电子设备上，一桌子静得可怕。

狼群里可没有电子设备，成员们个个都是擅长交流的高手。它们用身体"交谈"：眼睛、耳朵、嘴以及尾巴。它们利用嗥叫向同伴传递信息。狼的沟通清晰而有效，这也是它们之间很少发生争吵的原因。交流是理解和信任的基础，不是吗？

在明尼苏达州的那一次，我并没能通过狼的回应，分辨出它们有多少只，因为如果许多东加拿大狼（或郊狼）同时嗥叫，那么听起来会像整片森林里都是狼。事实上，狼的叫声各不相同。2013 年，科学家进行过一次研究，发现不同种类的狼（东加拿大狼、赤狼等）有各自的"方言"，当时确定了21种狼叫声。此外，每只狼还拥有自己独特的音高，当它们嗥叫的时候，会使对手误以为有很多狼在相互回应。特别是我们这些两条腿的人，更会觉得那是一个数量庞大的狼群。不过，对于狼群来说，这都是个"美丽的误会"。

狼的肢体语言也是多种多样的：除了发出咆哮声以示威胁外，它们还可以通过低吼、龇牙、扑跳，或者拦住去路、咬上一口等手段恐吓对方，以阻止斗争升级；狼会轻轻地用爪子安抚对方，或者转过头利用目光与其交流，特别是地位尊贵的狼会做出不计较的样子，以缓解地位差给对方带来的压力；而抚触、舔吻、小啮皮毛、亲密地卧在一起或并排纵跑等动作则是成员间沟通和示好的表现。

不管是对人来说，还是对狼而言，眼睛都是重要的交流工具：盯着直视，意味着挑衅、威胁，目光向下或向前看则表示谦卑、友好；在一张坦诚的、充满孩子气的脸上，人们看到的总会是笑意盈盈的眼神；瞳孔的改变则代表着情绪的变化，可能是开心或悲伤，也可能是恐惧或愤怒。因为彼此间的顾虑，狼大多会避免直视对方。即便是需要交流的时候，它们也只会短暂地看对方一眼，绝不会长时间的盯视。

人们依偎在一起，当感到舒服的时候会闭上眼睛，彼此抚触。狼也是这样，喜欢在梳理皮毛的时候被配偶轻轻地啮咬，这种抚触对它们来说是一种享受。不论什么年龄的狼都喜欢抚触，特别是母狼或"保姆"在照看幼狼的时候。在交配季节里更是如此，互相梳理皮毛是狼的社会行为里一个重要的内容，它代表对伴侣的关心和爱。人类和宠物之间也存在类似的情况：抚摩狗狗不仅能降低我们的血压，还能增强彼此之间的羁绊。医学上已经证实，满含爱意的抚摩具有疗愈之效：它能降低病患心率，促使大脑中枢分泌抗抑郁神经递质（如5-羟色胺、多巴胺），提升催产素（一种使人镇静、增强自信的激素）水平。抚摩不仅可以拉近彼此间的距离，还能给予彼此安全感。

　　人类通过观察还发现，迷醉的叹息是野狼伴侣间的交流方式。狼在一整年里都可以求爱，头狼夫妻会互嗅、碰嘴，舔吻或啃咬对方的脸、耳朵、脖子和背部。母狼会把爪子搭在公狼的脖子或背上，这不禁让我们想起人与人之间的拥抱。一月底是交配季，也就是所谓的发情期，那时公狼会表现得像幼狼一样，沉下前身往母狼身上蹿。它摇着尾巴，试图从侧面或者后面与母狼交配。但母狼如果不愿意，就会蹲下身子拒绝，并表现出一副"我可是很难搞定"的样子。事实上，只有少数求爱的公狼可以与母狼配对成功，修成正果。

　　那么，狼到底有多少种方式用来彼此沟通和对外交流呢？一想到这个问题，我就感慨人类交际方式的匮乏！虽然我们能用语言文字、肢体动作和面部表情来表达，但是人与人之间的相互理解却是那么困难。究其原因就在于我们的表达不够准确、明晰。养狗的人都知道，宠物听不懂主人的长篇大论，它们只关注主人讲话的方式。准确、明晰的表达是教养好宠物狗的关键。我们在说"不"的时候，只能意味着"拒绝"。"不"就是"不"，没有"大概""也许""看情况"的意思。为人父母教养孩子时，也理应如此。

　　如果你觉得和人沟通时，很难准确地理解对方意思的话，那么通过狼嗥来理解狼的交流就更不容易了。狼的叫声一直是科学家研究的重点课题，虽然在 2013 年的研究中，科学家对不同声调的狼嗥做了归类，但是依然难以领会它们要表达的意思。这其实不难解释，录音设备和电脑终究不能替代进入荒野的实地研究，科学家必须走进大自然，看到完整的交流过程，才有可能真正理解狼嗥所表达的意义。就像我下面要讲的这个例子，它告诉我们，仅仅区分发出狼嗥的个体是不够的，我们还应置身于当时的场景，弄明白狼通过叫声想要向同伴表达的意思。

那是我一直在观察的一个狼群，彼时它们正在雪地上休息，有狼负责巡逻。突然，一只高大的黑色公狼看起来有些不安。它站起来，又卧下，旋即又跑到不理睬它的家人旁边。之后，它开始快速地跑上山，消失在浓雾中，突然又折返现身，往下跑一段路，站住仰头扯着脖子嗥叫，叫声的后段还会拖着一声短促、深沉的音调，起起伏伏。当发现家人压根儿就没理它，黑色公狼不得不再跑一次，嗥叫一回。这次它引起了其他同伴的注意，有几只狼站起来跟在了黑色公狼的后面。很快，整个狼群都消失在了山的背面。

黑色公狼为什么要嗥叫？它想告诉家人什么？它是在说"抬抬屁股，跟上来吧"，还是想说"我饿了"或者"我想去冒险"，也许它只是渴望能有狼做伴儿，抑或它的叫声包含着某些特殊的信息。

大多数科学家现在已经认可了狼利用声音表达情绪的观点。因为狼可以听出叫声共振中细微的音调差别，所以它们不仅可以分辨出远处是谁在嗥叫，还能听出这叫声要表达的情绪。哺乳类动物，包括人类在内，都有一个共性，就是音调升高代表着激动不安。前面提到的那只黑色公狼正是用它的嗥叫，告诉家人它的不安，这足以激起同伴们的好奇心，从而追随它的脚步。

其实，关于狼嗥的传说有很多，场景大多是狼群冲着月亮嗥叫，在浪漫（或恐怖）电影的片尾不是经常出现这一幕吗？不过，事实并非如此，狼群在月圆时嗥叫，只是因为光照好，便于狩猎。而且狼群习惯在动身前，通过合唱的方式鼓舞士气。

另一点与传统观念不一致的是，狼有时也会像狗一样吠叫，特别是在面临危险、情绪惊恐不安的时候。我就看见过，狼群因一只熊接近洞穴前的狼崽而发火，随着一声警报般短短的低吠，小崽子们听到后迅速地转移进了洞穴。然后，狼群就对入侵者发起了"魔音攻击"，有歇斯底里的喊声、刺耳的尖叫、威胁的咆哮声，还有连续的吠叫，音色一应俱全。

狼不仅在保护后代时吠叫，在捍卫领地时也这样叫。几年前，德鲁伊狼群和玛瑙狼群（Agate-Gruppe）就打过一场"嘴架"。离它们200米远的我被当时的战况深深镇住：在将近一个小时的时间里，德鲁伊狼群对着入侵者们狂吠，声音高猛，在连续的吠叫声中还夹杂着短促的嗥叫，而入侵者们也不甘示弱地对面怼叫回来。

另外，狼嗥似乎还会按时间来进行：在黄石公园里，曾经有一个狼群，固定在每周三下午3点开始合唱。那个时间正值美国联合包裹速递服务公司（UPS）的卡车运送邮件和食物到银门镇和库克市，这两个地方都位于黄石公园偏远的北门附近。我都不知道，狼群怎么会这么准时，卡车只要在拉马尔山谷一出现，"演练"就开始了。也许因为它们喜欢那辆卡车的引擎声，所以出声回应。无论如何，我因此一下子就能知道：邮件来了。后来，不知从何时起，换了其他运输车，狼群的合唱也随之消失了。

狼群这让人痴迷的叫声到底意义何在？对于这个问题，也许生态学家、作家奥尔多·利奥波德给出了答案："你只有活得像大山一样久，才能真正理解狼的叫声。"

在我的观狼之旅中，每次听到狼嗥都是在特别的时刻：某次旅行的最后一天，我们爬上了一座小山，从上面可以俯瞰三个狼群的领地：西边玛瑙家的、南边沼泽（Slough）家的和东边拉马尔山谷德鲁伊家的。那天，天气晴朗，抬头是湛蓝的天空，低头是踩上去咔嚓响的白雪。我们早就架好了高倍望远镜，四处搜寻狼群。这时，从我们身后传来一声狼嗥，那是一只灰色的狼，离我们大概 500 米远，它全身用力地嗥叫着。很快，从山谷的另一边传来了回应，接着，第三个方向的声音也加了进来。我们像是被和声包围了一样。为了看到发出叫声的狼都在哪里，我们像陀螺一样把望远镜转来转去。玛瑙家是离我们最近的，它们对于闯入自己领地的陌生的狼很是生气，它们的狼嗥也因此变成强有力的吠叫。德鲁伊家听到后，马上对着吠叫回去，毕竟它们在这片土地上生活的时间更长。而最初发出狼嗥的家伙也因无法平静，跟着继续嗥叫。最终，这场"歌咏互斗"持续了一个多小时。

我发现，人们第一次在荒野听到狼嗥时，都会异常感动，很多人甚至会落泪。那嗥叫声仿佛能直击我们的灵魂，在内心深处演变成混合着恐惧、敬畏和喜悦的复杂情感。我是如此庆幸，可以和他人分享这声音。望着那些第一次听到野狼嗥叫的人的眼睛，我明白，我们所有人依然和大自然紧密相连，即使我们的生活已经工业化了，但这一点从未改变过。

家是我们所爱的地方。双脚可以离开，心却不能。

奥利弗·温德尔·霍姆斯（Oliver Wendell Holmes）
美国诗人

领地之争

故乡是永恒的挂念

　　冬夜里刚刚下过雪。白天，我爬上拉马尔山谷的一座山丘，找了一个太阳能晒得着的地方。我把设备摊在旁边，支起三脚架，固定好高倍望远镜。然后我把双筒望远镜挎在脖子上，夹克衫的口袋里一边放着无线电设备，另一边放着录音笔。

　　然后，我看到山谷的统治者——拉马尔狼群——正在领地的边界上巡逻。它们有目的地顺着痕迹探察，在被白雪覆盖的岩石旁驻足。头狼把鼻子探进雪地里，寻找自己熟悉的气味。

　　狼的鼻子知百事，不仅能用来"嗅"，还能用来"看"。这是因为它们的头骨和口腔里有上百万个气味感受器。这些感受器会告诉狼群：它们正使劲闻的这个地方，不久前有谁来造访过。

狼群在边界巡逻，是为了告诉对手，这片领地上生活着多少只狼，它们个个都高大强壮。在狼群内部，大家彼此了解，所以在"家"——领地的内部区域时，跑在狼群最前面的是谁都无所谓。但是，在边界巡逻的时候，必须是头狼带领狼群！而这个时候，孩子们也都恪守家训："由爸妈去探察情况。"

　　狼群习惯生活在固定的地域，领地就是它们的"家乡"，这里可以给狼群提供庇护所和食物，让它们在这片土地上安枕无忧地孕育和抚养后代。为了防止其他狼群误入，头狼会以气味标识，圈出领地的边界，就像给花园竖起密密的篱笆墙一样。它们会选择在较高的地势，比如岩石或树墩上，用尿液、粪便做记号。就连撒尿，它们也要把后腿抬到最高，以便借助风力使气味扩散到更广更远的地方去。虽然狼群中的成员都可以做标记，但是只有头狼夫妻——雌性头狼和雄性头狼——可以站着"高高尿"，而其他等级地位低的狼，哪怕是公狼，也只能蹲着撒尿。雄性头狼和雌性头狼会交替做标记，这样不仅可以强调领地的主权，更能体现狼群是一个家庭，大家团结一致。

　　因为在标记领地的时候，需要在尽可能多的位置上做出标识，所以头狼在每个位置只淋上几滴尿。但是，它们会在战略要地，如林间道路的交会处，用爪子把淋有尿液的土用力地扒散，以覆盖更大的面积，增强作用。

　　让我们继续观察正在边界巡逻的拉马尔狼群吧！行动还在继续，头狼用鼻子在地上嗅闻探察。这时，我注意到了一只逗留在后面的年轻公狼。它在一棵已经被父母做过标记的树前用力地闻了闻，然后迅速地环顾四周，在确定没有谁注意后，它竭力抬高后腿放到树上——撒尿。撒尿时，它还一直关注着头狼夫妻，确保它们没有看到自己的逾矩行为。撒完尿后，这个淘气鬼——我更喜欢叫它"不知天高地厚的家伙"——又用爪子快速地扒了一下，然后就跑向狼群，加入队尾。这种行为是大胆的年轻公狼们的典型做法，我确定自己在刚才那个家伙的眼里看到了黠光一闪。

作为动物，狼要做的只是在生态系统中找到自己的位置，存活下来。好的领地可以给它们足够的空间休养生息，提供有保障的食物供给。狼群通常会选择面积大的领地，因为这样可以保证食物的长期供给。但领地的大小和当地土地的总面积、狼和猎物的数量以及该狼群自身的稳定性都有关系，一个地区猎物越多，狼要占的领地也就越小。在中欧，狼群的领地面积大都在150~350平方千米之间。而在西伯利亚或加拿大北部，狼群的领地面积则会超过1000平方千米。

每一块领地都分为内外两个区域。狼群一生三分之二的时间都生活在"内里"，年复一年，世世代代，就连产崽的洞穴也是一用几十年，而"外围"只是用来散步、闲逛的，这就像我们家里面有住房和花园一样。

对于"家乡"，野狼也是故土难离，就算偶尔出走到别的地方，它们也习惯于尽快返回领地。特别是年轻的公狼，它们总喜欢在青春期出走，去征服新的世界和"女孩"。更不乏有的家伙为爱奔袭数百千米，但它们最终还是会踏上回家的路，重返出生地。

野狼把家乡的景象悉数印在心里，就像是怀揣着地图，它们认得每一棵树、每一个交叉口、每一处水源；它们记得储备的食物藏在哪里，知道哪条路更近，哪里最容易涉水过河。狼群里每个家伙都有自己钟爱的地方，冬天里是晒得着太阳的高地，夏天里是树林中的阴凉处。幼狼从小跟在父母、哥哥、姐姐身后，在领地里穿行，所以在五个月大的时候，它们就已经对自己的生存空间有了深刻的印象。它们会识别边界、气味和地形。当然，这些幼狼还早早地学会了用另一种更高效的方法——人为制造的线路，比如清过雪的大路、越野雪道或雪地车轧出来的小径，来形成记忆。所有这些就像人类传播文化知识一样在狼群中世代相传。

后代们"继承"领地，也继承了领地上的猎物。它们需要学习哪里狩猎方便，怎样识别那些容易猎得的羊或小牛；它们还得学习哪些"动物"最好避开，因为跟它们有了接触之后身体会疼，例如通电的围栏。它们要知道哪里是人类的垃圾场，否则就会像意大利的阿布鲁佐（Abruzzen）狼群那样。茨曼教授对它们进行过长时间的研究，他把这些家伙称作"意面狼"，因为它们会在罗马周边的垃圾堆填埋场现身，并且偏爱吃意大利面。

那么，对于我们人类来说，故乡又是什么呢？是新鲜出炉的蛋糕味，是周日教堂的晨钟声，抑或是你的亲邻和好友——这些熟悉的人和物，让我们有归属感，给我们以安全感。人们都向往天长地久，而故乡正是我们可以停驻的港湾。有一句俄罗斯谚语说得好："故乡之所以成为故乡，不是因为你认识那里所有的树，而是那里的每一棵树都认得你。"

在某些原始部族，人们相信：人的灵魂与出生地的和谐统一非常重要。按照他们的观点，当我们还在妈妈肚子里长骨头长肉的时候，就已经开始受到外界能量场的影响了。在那之后，不论我们生活在世界的哪个角落，都会与自己的出生地保持着和谐的联系。这种联系会帮助我们发展自我，最终成为命中注定的那个人。

是野狼教会了我尊重自己的乡根，尊重家乡给予的归属感。很长一段时间，因为工作的关系，我奔走于世界各地，这让我对自己的家乡感到陌生。我总是想找一个"完美的地方"过日子——新墨西哥州圣达菲、亚利桑那州、阿拉斯加州、缅因州、蒙大拿州、怀俄明州，这些地方我都生活过——可是，每次都过不了几个月，在我刚刚觉得那里有点家的感觉时，某种说不清道不明的渴望就敦促我再一次开始收拾行囊。

随着年纪越来越大，我渐渐悟得故乡的含义。在看尽世间百态，走过漫长的旅程之后，我终于明白：具有社会关系的居住地对于一个人来说有多么重要，因为只有那个生活着自己亲人、邻居和朋友的地方才是真正的家乡。

现在，我已经没有什么兴趣外出了。凤凰城也好，纽约也罢，抑或是旧金山，我虽然在那里住过，但每次都是目光匆匆，我既不认得门前的树，也不认得当地的山，我觉得这样的旅行对我已经没有意义，因为我的根始终扎在我出生的那片土地上——我熟悉那里的风景和建筑、一草一木；我的书桌还原封不动地摆在我出生的房间里，每当我坐在桌旁工作，就会觉得既暖心又安全；房子是我曾祖父母和祖父母修建的，基石上现在还刻着曾祖父名字的大写首字母。每当看到这些，我都不由自主地感激先辈们的付出，因为他们不仅为自己，更是为我筑起了一个家。

如果一家几代人都生活在一个地方，那大家就会认为，你是那个地方的人。我家的房子位于德国黑森州一座小城的市郊，我有幸算得上是那里名副其实的"本地人"，因为我家从曾祖父那辈就已经在那儿生活了。那片土地上矗立着众多中世纪的古堡和宫殿，每到夏日，我就爱坐在花园里，望着一座 14 世纪的古堡废墟。我总在思忖，会不会因为习以为常，人们就忘记了自己国家漫长而古老的文化？不过，早在我们出生的时候，这些文化就已经深深地烙在了每个人的骨子里。所以，只要用心，你总能感受到自己与故乡的血脉相连。

我还是接着讲拉马尔狼群巡察领地边界的事吧！头狼在显眼的位置小便，再扒散沾着尿液的土，这样一来，就算过了两三周，入侵者依然能闻得出气味。我看着狼群继续巡逻，最终消失在山后。对于狼群来说，标记明显的领地边界不仅是为了保障安全，还可以避免争斗，节省力气，毕竟没有人愿意总是和邻居争来斗去，因为其结局往往是"两败俱伤"。

对于保护家人和捍卫领地的任务，野狼需要接受专门的强化训练。而狼群是否开展此项培训，受训范围有多大，则取决于多种因素。其中，领地的大小，食物是否充足，比邻而居的狼群友善与否（栖息地的交叉地带为邻里共用）都是较为重要的因素。好的领地上猎物较多，产崽的洞穴也更为安全。这样的地区就像一支绩优股，人人都想拥有。此外，狼和人还有一点相似，那就是"吃下去的东西，不愿再吐出来"。在领地有危险的时候，狼群会化身热血勇士去战斗。然而，强大的血缘关系可以阻止争斗，只有在那些没有亲属关系的狼群之间，才会发生致命的边界战争。

对于野狼来说，除了人类的猎杀，领地之争是最频发的致命事件。黄石公园内 20% 的狼都命丧于此。不过，大家基本上会避免正面对峙，因为每次战斗都意味着受伤的可能，而这无疑会使自己的狼群陷入更为危险的境地。

不过，对手如果无视所有的标记和警告，仍然发动进攻的话，那么冲突就会升级：狼群驱赶入侵者，并尽可能地将其杀死。这里我要说明一下：在电影里面，狼群打架时，我们听到的那些威胁的咆哮和龇牙的声音，都是为了戏剧效果而做的声音处理，是由后期制作加进去的。在现实中，致命的争斗往往安静得诡异。

我曾经看到过这样的殊死搏斗，一场压抑已久的战争在两个对抗的狼群——德鲁伊狼和沼泽狼——之间爆发了。狼群双方都心仪拉马尔山谷已久。很多年前，那里曾是德鲁伊狼群的故乡，它们的父母，甚至连它们自己都是在那里出生的。在最辉煌的时期拥有 37 只狼的德鲁伊狼群在山谷中穿行，那一幕让所有看到的人都为之屏息。不过世事难料，因为疾病，德鲁伊狼群失去了幼狼，而沼泽狼趁机在拉马尔山谷扩大地盘，驱逐前任。两年后，主权彻底更迭。

当时，我所处的观察点正好位于两个狼群中间：沼泽狼（18 只）正在分食一只猎物，谁都没有注意到，德鲁伊狼（16 只）正朝它们袭来。虽然成员少，但德鲁伊狼大多是身强体壮的成年狼，它们越过山丘，从天而降，其中头狼夫妻和另一只灰色小公狼（1 岁龄）站在最高处，尾巴高翘，颈毛倒竖。沼泽狼被突然出现的德鲁伊狼吓得向西逃窜，有几只年纪小的狼明显不知道发生了什么事，还傻傻地站在食物旁。我不禁在心里朝它们大喊："跑啊！快逃命啊！"

只见德鲁伊狼群呈扇形散开，开始追击，它们游过小河，冲上斜坡。这一连串动作熟练得就像彩排过的舞蹈一样。其实，它们没有指挥，一切全凭本能。德鲁伊狼追上的第一只沼泽狼，是一只1岁的小狼。令我诧异的是，它们只是从这只沼泽狼旁边跑过去，并没有把它怎样。这让我误以为德鲁伊家族只是想把沼泽狼赶跑。但随即它们围堵住了一只两岁大的沼泽狼，并扑向它。很快，杀戮就结束了。德鲁伊狼群留下那个倒霉的牺牲品，沿着沼泽狼逃跑的踪迹，继续向西追击。好在沼泽狼没有再被追上。

遭到驱赶的沼泽狼不仅失去了一个孩子，还失去了家园。几个小时后，它们离开了拉马尔山谷。在黄石公园这块最好的领地上，它们结束了短暂的统治，迁回了以前生活的地方。

在捍卫家乡的时候，没有哪一种哺乳动物会像狼这样热血。那是什么使得狼群在暴力争斗中获得成功呢？单凭狼群的数量吗？但是，大的狼群也不是逢战必胜的啊！

对于狼群来说，能否保得住领地不被赶走，能否保得住性命不被杀死，绝不仅仅是某一个因素在起作用。

"数量"显然是其中重要的一个。"多"意味着战略上的优势，如果一个狼群正好比对手多一只狼，那么它们赢的概率会大一点。

是本土作战，还是客场入侵？战争爆发的"地点"也是事关结局的重要因素，也就是我们所说的"地利"。

比"地利"更重要的则是"性别"，公狼数量越多，狼群越有优势。这也是流浪的公狼更容易被狼群接纳的原因，因为头狼知道，公狼可以壮大狼群，哪怕它会成为自己的情敌。

不过，最重要的制胜因素还是"年龄"，这一点我们在前面已经说过了。如果狼群中有一只经验丰富的老狼，那狼群成功捍卫自己领地的机会最大。

在狼群的争斗中，总会有出人意料的事情发生，特别是那些明显的利他行为。我曾经在一场领地之争中看到一只狼被敌人攻击，而它的弟弟冒着丧命的危险，以极近的距离从敌人旁边跑过去。敌人因此分散了注意力，中断了对它哥哥的攻击，最后，兄弟俩都得以逃脱。而在我看到的另一场争斗中，狼就没有这么幸运了，它选择为家人"牺牲"自己，孤身跳进正在打斗的群狼之中，最后被群攻毙命。

为什么狼会选择做出这种利他行为呢？我们可以用生物学家威廉·唐纳德·汉密尔顿（William Donald Hamilton）的研究结果——汉密尔顿法则来解释：亲缘关系间利他行为的受益者其实是做出利他行为的一方，即便他的行为看似不求回报，甚至为此豁出性命。通常情况下，兄弟姐妹间大约有 50% 的基因具有一致性，我们前面提到的那只年轻的公狼，利用拯救哥哥的举动，获得了自己生命的存续，并使自身独特的基因物质得以传承。

这些案例也再次证明了狼群的力量：它们可以为了家人随时舍弃自己的生命。

突然间，你相信了伊始的魔力，是时候开展新的探索了。

埃克哈特大师（Meister Eckhart）

德国神学家、哲学家

狼的出走

离开和到达的意义

十个月大的少年狼阿兰（Alan）来自德国萨克森州。2009 年 3 月 13 日这一天，它正在独自闲逛，大概是发现了猎物的踪迹，阿兰一路东闻西嗅。不过，它只给自己逮着了两三只老鼠。突然，不幸发生了，阿兰踩到了陷阱。为了把腿拉出来，它转来转去，可是腿上的夹子牢牢地卡住了它，根本无法逃脱。不久，两条腿的"动物"走了过来，阿兰还没有来得及害怕，就被麻醉针放倒，昏睡了过去。那一天，少年狼得到了"阿兰"这个名字。

昏睡中的阿兰经历了测量身长、体重、采集血样等一系列科研操作，当它醒来的时候，唯有脖子上笨重的项圈提醒它，的确和人类打了一场交道。当时，阿兰最想做的事莫过于赶紧回家。戴着人类赠送的奇怪纪念品——无线项圈，阿兰回到了家人安全的怀抱。作为最新的科技成果，GPS-GSM-项圈可以利用无线设备，将卫星定位信息传输给位于劳齐茨（Lausitz）联络办公室的接收站，该办公室专门负责监控萨克森州境内的野狼。阿兰的信息接收人是两位女生物学家，格萨·克鲁斯（Gesa Kluth）和伊尔卡·莱茵哈特（Ilka Reinhardt）。

当然，小阿兰对此毫不知情，它依然沉浸在重返家园的喜悦之中。两位生物学家后来凭借阿兰发出的信息，确定它在和家人待了几周后，又一次离开家乡，踏上了旅途。

这一次，阿兰向东而行，先是在波兰东北部的别布扎国家公园（Biebrza National Park）以西的地方停留了大约三周时间，然后它穿过生活着若干狼群的奥古斯图夫原始森林（Augustów Primeval Forest），接下来它又跨越国界，进入白俄罗斯境内。到2009年6月，它已经离父母所在的家乡670千米远了，这还是东北方向上的直线距离。

四个月后，公狼阿兰在白俄罗斯和立陶宛的边界处停下了脚步。从4月到10月，它一共跑了1 500多千米的路程，离家乡的直线距离有800千米远。

此后，阿兰就再也没有发出过信号。因为之前也出现过信号错误的情况，研究者推断，可能是项圈脱落了。一路上都戴着项圈的阿兰，就这样从电脑屏幕上消失了。

2009年至2011年，德国联邦自然保护局在联邦环境、自然保护及核安全部（BMUB）的资助下，开展了题为"德国野狼迁移与分布试点研究"项目。人们通过上述项目了解到了那些离开劳齐茨地区的野狼所选择的路径、青睐的驻留地、潜在的阻碍以及致使它们死亡的原因。这项研究还帮助人类更好地理解野狼的行为方式，特别是在部分人口稠密的生活区。目前，该项研究已被"野狼迁移项目"替代。

其实，对于狼的迁移，我们还不是很了解：它们为什么离家？什么时候会出走？目的地又是哪里？为什么有的狼愿意做"开路先锋"，而有的狼则选择家庭的庇护？

目前，我们已经知道的是：有的狼选择离开，是因为食物不足以供给全家；而有的狼，尤其是有可能成为头狼接班人的青壮年们，则是被父母逼走的，特别是在气氛紧张的交配季。对于孩子们来说，狼群是它成长的跳板。在孩子们两岁之前，头狼夫妻对待它们的态度很是宽容：它们可以自己决定是否离开狼群、什么时候离开，或是选择重新回归家人的怀抱。

离开家终归是一种冒险的选择，因为出走在外更容易直面死亡。但是，年轻的公狼或那些具有探索精神的家伙依然会这样做。当然，也有一些小狼选择继续待在家里，帮助父母抚养孩子。它们在照顾弟弟妹妹的时候，就像在照顾自己的后代一样用心。当然，这种利他行为其实对它们自己更有好处。在上一章里，我们提到过汉密尔顿法则：野狼通过为家庭献身的忘我行为，使自己的基因优势得以"复制"。狼作为动物，有责任使兄弟姐妹间相同的那一部分基因永恒存在。所以汉密尔顿法则同样可以解释小狼帮助父母抚养自己弟弟妹妹的现象。

和人类家庭一样，狼群里既有喜欢流浪的冒险家，也有喜欢一直住在"妈妈牌"旅店里的妈宝。当然，狼群里还会有卡萨诺瓦那样的大情圣，从一个家庭求爱到另一个家庭。

对于野狼来说，离家的基本原则是：当狼群变大，食物供给不足的时候，就要有狼离开。不过，前提是它们得找到一块适合自己生活且没被占领的土地。

在狼群里，最常见的情况是：年轻的公狼在两三岁大的时候离开，"他"会遇到一只母狼，并和"她"一起定居下来，建立起"他们"自己的家庭。不过，因为激烈的竞争，事情往往不会那么顺利，特别是在春天的交配季，竞争往往会发展成残酷的争斗，毕竟生活不是件容易的事。

19 世纪中期开始，德国境内就没有野狼了。后来，间或会冒出一两只来自东欧的狼，但最终也会遭到射杀，因为当时的民主德国整年都允许猎杀野狼。只有极少数家伙能成功穿过联邦德国和民主德国的死亡边界线。直到 1990 年德国统一，柏林墙被推倒，野狼才有了通往西部的自由通道，并被列为受保护物种。2000 年，伴随着第一批幼狼在德国境内出生，德国才再度正式宣称成为拥有野狼物种的国家。

德国野狼迁自东欧，法国狼来自意大利的亚平宁地区，而西欧其他地域的狼则来自西班牙、瑞士或奥地利。

迁移的距离也因狼而异：有的狼就近直接闯入邻居的领地，有的则会加入附近的狼群，还有些家伙会跨越成百上千千米，而那些走得最远的，也因此成了名副其实的"开路先锋"。

直到卫星项圈投入应用，人们才得以追踪那些远行的狼，并以直线距离计算它们走过的路程。其实，动物很少以直线方式运动，它们总是在一个区域里跑来跑去，或是沿途走走停停。所以，那些远行的狼实际走过的路程可能要长得多：在明尼苏达州，一只戴着卫星项圈的狼走过的直线距离为498千米，但实际上，它所走过的路至少有4 251千米长。

因为犬科动物都拥有在冰面上行走的能力，因此人们推断：那些冬天里从芬兰迁往瑞典的狼，会跑过150千米宽的冰面，直接跨越波罗的海。所以，远行路上，这些食肉动物也会抄个近路，跨过阻隔。

狼的长途跋涉，显然是有目的的行为，但它们到底是为了远走高飞，还是为了寻一个特殊的地方，我们无从得知。也许，它们只是因为在家乡找不到伴侣，才会朝着某一个方向前行，直到符合定居条件的地方出现，才停止跋涉。

当然，这里面也不排除个别天生就喜欢流浪的家伙，"瘸腿儿"（Hinkebein）就是这样一只狼。它是著名的头狼21号的儿子。2000年春天，德鲁伊狼群有21只狼崽出生，"瘸腿儿"就是其中一只。我之所以这样叫它，是因为它小时候参加狩猎时被鹿踢中了后腿，那条骨折的后腿没能完全恢复，它就成了瘸腿。但这并没有阻碍它在两岁大的时候，踏上自己的流浪之旅。

当时黄石公园境内，所有适合野狼生活的区域都已经有主了。从来不知道害怕的"瘸腿儿"因此选择了南下，前往犹他州。仅仅四周时间，它就跑了320千米。最后，它在犹他州踩到了猎人布下的陷阱，就是那种专门捕捉皮毛动物的夹子。获救后的"瘸腿儿"被生物学家装进行李箱，运回了黄石公园，所以这趟返程之旅还是挺舒服惬意的。不过，它会被自己的狼群重新接纳吗？结果，是我多操心了，这个"走丢"的儿子受到了家人的热烈欢迎。只是"瘸腿儿"现在更瘸了，因为陷阱又弄伤了它的一只前爪，但这并没有妨碍它为家庭出力。在回来后不久，"瘸腿儿"就参加了边界保卫战，帮助狼群赶走了入侵领地的家伙，在最短的时间内恢复了昔日风采，完全能够独当一面了。在狼群中，残疾并拥有一身漆黑皮毛的"瘸腿儿"辨识度很高。那段时间，犹他之行让它名声大噪，游客们因此抢着一睹它的风采，特别是那些来自犹他州的游客，他们甚至认为"瘸腿儿"是"他们那儿的狼"。其实，不仅是犹他之行，还有"瘸腿儿"照顾弟弟妹妹时的亲和、猎鹿时的奋发、在野熊面前护卫穴内狼崽时的勇猛无不感动着人们，因为它为狼群所做的，比那些肢体健全的狼还要多。

对于一只流浪的野狼来说，需要找到伴侣、食物和属于自己的一块领地才能组建家庭。成功的方法有很多种，最危险的方法便是抢占别人的地盘，因为孤狼必须赶走或杀死对方，但也有可能是被对方咬死。

当然，它也可以像大情圣卡萨诺瓦那样，在别的狼群里找个"女朋友"，并进入"她"的家庭，成为狼群中的一员。但被接受的前提是，不能在交配季成为头狼的竞争对手。另外，孤狼还可以选择在别人的领地边上定居，等待附近的"有缘狼"出现并一起组建家庭。

不过，最理想的情况还是可以找到一块没被占领的全新版图。因此大家曾推断，第一批从波兰迁移到德国的野狼，正是怀着这样的初衷一步步追寻，来到了德国的土地上。这样，它们就不用像以前那样，每次发现的都是"有主的领地"了。

另外，在允许捕猎野狼的地区，也会有很多空置的地域，流浪到这里的野狼很容易找到地方安家落户，这也是为什么即使野狼被杀，但它们的数量依然可以在短短几年内得到恢复。

2002 年 12 月，我们发现拥有 20 个成员的内兹珀斯（Nez Perce）狼群突然在黄石公园里"消失"了，不过通过对野狼的长期野外观察，我们已经对它们的行为处变不惊了。

狼群真的会失踪吗？如果是真的，那么下一次又会发生在什么时候呢？事实上，2002 年的这一次，已经是这个狼群两年以来的第二次失踪了。这一次，它们消失了几个月。

大家都知道，20 只狼不可能就这么一下子凭空消失了。研究人员对这些"逃犯"进行了数小时的飞机搜寻和地面探察，但一无所获。这个平日就生活在黄石公园里的狼群，现在既看不见它们的踪迹，也无法获得它们的定位信息。显然它们已经离开这片栖息地了。

内兹珀斯狼群中有 6 个家伙的脖子上戴着无线项圈。如果知道狼群的大致方位，人们就可以在附近通过设备准确地定位到它们。但是，现在什么信息也没有，无线项圈彻底失去了作用。生物学家只能寄希望于有人看到狼群，并通知他们。

内兹珀斯狼个个都是冒险家，它们第一次失踪是在 2001 年的秋天，然后被发现出现在黄石公园东边 200 多千米以外的爱达荷州：因为狼群杀死了一只狗，在当地引起了好几天的骚动。之后，狼群就返回了黄石公园，并在公园的北部地区重新安顿下来。一年以后，也就是 2002 年，这个狼群再次消失了。科学家希望这次可以找到它们失踪的原因。

在内兹珀斯狼群失踪前，它们栖息的那片土地上，还生活着另外三个狼群，而且领地内的麋鹿和野牛数量一直在减少。所以，对于内兹珀斯狼群来说，有可能是空间拥挤、食物匮乏造成了它们的再次失踪。不过，这次它们去了哪里呢？

虽然，黄石公园的总面积有 9 000 平方千米，但所有可以为狼群提供充足空间和食物的区域都被占领了。因此科学家希望，在找到内兹珀斯狼群的同时，也许可以发现那些尚未开拓但适合野狼栖息的地方。

经过人们三周的搜寻和等待，狼群依然杳无音信。生物学家不得不忍受外界的嘲讽，谁让他们一转眼就弄丢了 20 只狼呢？

后来，直到 2003 年 1 月 28 日，才终于传来了内兹珀斯狼群的消息：它们被发现安家于怀俄明州杰克逊市的国家麋鹿保护区（National Elk Refuge），即与黄石公园接壤的大提顿国家公园（Grand Teton National Park）。

其实，生物学家早该想到它们会在那里——每年冬天，会有几千头麋鹿来到保护区。按照当地的传统，人们会喂食麋鹿，这也是冬日吸引游客的景点项目——野狼最早发现这片乐土是在 1999 年。不知道内兹珀斯狼群是怎么听到风声的，反正它们来了。在保护区腹地，人们从飞机上很容易就能看到它们。那个冬天气候温和，游客们尚未开始近距离地投喂麋鹿，狼群就一直生活在一群麋鹿的领地上。对于这样的"出逃"，我们又怎么忍心迁怒于它们呢？

两个月后，在冬天结束的时候，内兹珀斯狼群若无其事地回到了它们在黄石公园的老家，继续生活，好像之前什么都没发生似的。

关于野狼迁移行为的科学研究不计其数，然而到目前为止，似乎没有一个能够解释为什么会有狼在不求偶或不觅食的情况下流浪远方。为了解开谜团，人们给野狼戴上 GPS 项圈，进行追踪调查。对于项圈，我的看法是这样的：一方面，它们的确有用。例如借助项圈，人们可以确证"凶手"，找到那些总是有意接近人类或家畜的野狼。在黄石公园，我自己也会利用无线电波来快速地寻找狼群。但另一方面，我却认为，这种带电池的笨重项圈绝对会干扰和妨碍野狼的行动。据我所知，有些野狼对项圈极其反感。在黄石公园里，至少在三个狼群里发生过这样的事：成员间彼此扯咬项圈，直到被对方咬掉为止。针对这种明显的抗拒行为，科学家的应对措施是研发钢质项圈。当钢质项圈也被咬断的时候，人们又给项圈加上了利刺。那接下来又会是什么呢？难道我们就不能给那些被我们研究的动物多一些尊严和尊重吗？有什么研究是值得我们不惜去妨碍野生动物的自由才能做的呢？如果你认为有，那我不禁要问："究竟还要伤害多少动物？人类到底还想知道什么？这些研究最终真的会对动物有益吗？"

不过，我们还是先继续探索野狼的迁移之谜吧！它们到底为什么会走那么远？根据我对野狼的了解，它们中间存在着冒险家，这一点我毫不怀疑。它们的流浪不需要任何科学的解释，踏上旅途只是因为："我想去看一看，世界的那边是什么。"

我之所以会这样想，或许是因为在内心深处我也是一个冒险分子吧！我能够感同身受地理解那些出走的狼。并不是所有事情都需要理由，有时候我们只需要睁开眼睛看，跟着感觉走，这就够了。

我前面提到的德国公狼阿兰，自它最后一次从俄罗斯传来信号后，就消失了。我们再也定位不到它，但我们依然希望，阿兰能够在新的家乡，找到合适的伴侣，组建起自己的家庭——也许有一天，它会带着它的孩子重返故里。

在我的内心里，总是盘桓着对植物、动物、云朵、白昼与黑夜等万物的深厚情感。我对自己越是不确定，我与其他万物的关系就越是亲密。

卡尔·古斯塔夫·荣格（Carl Gustav Jung）
瑞士心理学家

狼和乌鸦的友谊

你我并非同族，也可风雨同行

与许多爱狼之士一样，我对狼的情有独钟最早也是源于对狗的喜爱。伴我长大的牧羊犬阿克塞尔（Axel）是一条训练有素的护卫犬，不过，它长得跟狼很像。阿克塞尔不仅是我的玩伴、朋友，还是我的亲密知己。小时候，我常常爬进狗舍，和它相偎而眠。即使再长大一些，我也很难想象没有狗的生活会是怎样。

人类和狗是最好的朋友。两个截然不同的物种间存在如此亲密的情感，很特别不是吗？不过，这种关系在大自然中可不是独一无二的。

对野狼观察的时间越久，我就越惊叹于它们的行为，特别是当我看到它们与其他动物打交道的时候。比如和乌鸦，这两种完全不搭边的动物却拥有着上千年的友谊，同为高智商的家族群居动物，狼和乌鸦不仅分工合作，还共享"恶"名。

以前人们认为，狼只跟同类交流。不过，这个观点是错误的，狼和乌鸦之间的联系和交往就异常密切，要知道，它们可是很不一样的物种。

有一次，我带团在黄石公园内观察野狼。在寻觅狼群踪影的时候，我提示游客要仔细观察鹿群的举动："如果它们轻松地卧在草地上吃草，那说明附近没有狼。要是鹿都紧靠在一起站着，并紧张地朝一个方向看的话，那大家就可以期待在附近看到狼或者其他正在接近鹿群的猛兽。"所以，狼并不是直接被"找"到的，而是我们通过观察周围的环境，特别是被猎食动物的行为而"发现"的。

我还告诉他们："如果你想寻找狼，那就抬头看看天。"游客们对这条建议十分不解，于是我指着山谷的某处让他们看，那里有数不清的乌鸦，高高飞起又落下，而草地上正躺着一头死鹿。

然后，我对游客说："耐心等会儿，看看接下来会发生什么。"

这时，乌鸦还没有开始"享用"鹿肉，一是因为鹿的皮毛太厚，它们用喙啄不破，需要"外人"的帮助；二是因为乌鸦属于胆小怕生的鸟类，它们会反复试探，以确定死鹿确实无害。所以我们看到的是，乌鸦会小心翼翼地在鹿的上方盘旋，或者紧张地在尸体旁跳来跳去；有的乌鸦一边飞跳下来，一边拍打着翅膀；有的飞快地啄一下，然后又赶紧跳开；还有些家伙就在那转圈，穿着"黑西装"，趾高气扬的就像商务人士。最后，一只老乌鸦落在鹿的尸体上，这一动作相当于"宣布"：鹿确实死了。伴随着它的召唤，整个乌鸦军团飞落下来。

通常遇到这种情况，不需要等太久，就可以看到狼群现身。乌鸦的召唤声就像拉响警报一样，让狼群在最短的时间内，从森林里赶过来，而这一举动让它们那些长着羽毛的朋友开心不已。

如果死鹿是人类特意放在那里的，乌鸦碰都不会碰。但是对于被野狼杀死的动物，乌鸦则会放心地享用，因为它们目睹了猎杀的全过程。而对于不是自己咬死的动物，野狼也会小心翼翼，宁可任由它们留在原地，也不会去吃。不管乌鸦还是狼，也许它们的基因里都还储存着有关中毒的记忆——很久很久以前，人类会利用有毒的肉，来消灭自己不喜欢的"竞争对手"。贝恩德·海因里希（Bernd Heinrich）是研究乌鸦的专家，他把狼和乌鸦间的这种信任解释为"基因固定"：在上百万年中，狼和乌鸦两个物种是一起进化的。乌鸦关于食物的叫声，最初可能只是单纯的表示受挫，因为它们根本无法剖开死去的动物尸体。而一只偶然路过的狼却因此知道了，乌鸦的这种叫声意味着它们发现了死尸。接下来，乌鸦又意识到，如果它们一直这样叫，就会有狼来咬食尸体，从而帮助自己。

这两种动物为了实现"双赢"，在对待彼此时，都做到了足够的明智和宽容。在我们观察乌鸦的时候，会发现它们对待东加拿大狼这样的大型犬科动物与对待狐狸、郊狼等的方式是不一样的：80% 的狼群狩猎都会有乌鸦"陪伴"，它们盘旋在狼群头顶，或在附近等待狼群猎杀结束。而在郊狼狩猎时，同样情况出现的比例只有 3%。由此可见，乌鸦能够区分郊狼和东加拿大狼，并待在东加拿大狼这样更大的食肉动物身旁。不管狼群是在睡觉、嬉戏，还是动身狩猎，这些大黑鸟始终伴其左右，因为它们知道，狼可以帮它们把一头鹿变成一顿"饕餮盛宴"。

狼群动身狩猎前的合唱会让这些带翅膀的陪伴者感到兴奋，这反应就像我养的拉布拉多犬一样，一听到狗粮倒在食盆里的啪嗒声，就兴奋得不行。对于乌鸦来说，狼群的嗥叫就如同在告诉它们："准备就餐。"

在咬死猎物后，狼群会马上大快朵颐，而乌鸦也"毫不客气"地冲进四条腿的家伙中间偷吃。为了不被乌鸦"妨碍"到，狼会大口大口地埋头去吃，而乌鸦啄食的速度也不相上下！

一只乌鸦一次大概可以吃掉两斤肉，它还会藏起一些以备光景不好的时候吃。所以，平均29只乌鸦就能消灭一只猎物，那可是好大一堆肉啊！如果狼吞得不够快、不够多的话，那么转过天来，猎物可能就所剩无几了。

这也是狼群采取集体狩猎的原因之一，和我们所想的不一样，野狼并不是为了捕到更大的猎物才全员出动的，而是为了不给抢食的家伙们有可乘之机。毕竟只有这样，大一点的小狼们才有足够的食物吃。

吃饱以后，狼群会卧倒休息，顺便消消食。这时候，郊狼、秃鹰、喜鹊等其他食腐动物开始陆续出场。因此，就算是一具较大的动物尸体，往往也会在几个小时里被一扫而光。那些认为狼每天需要吃掉5千克肉的说法其实是不正确的，因为统计这个数据时，人们可能忽略了一点，那就是除了狼以外，至少还有15种动物同时以该猎物的尸体为食，那么狼每天需要的实际肉量应该只有1.5~2千克。

现在，接着讲我带领游客看到的景象：乌鸦开始和野狼玩"捉迷藏"了，乌鸦无时无刻不在观察狼的动向，当某个家伙偷藏鹿肉的时候，乌鸦就站在它旁边，仔细地盯着。然后，等狼一走开，乌鸦就飞快地把肉刨出来，放到高高的树杈上去。仅这一点就足以证明：乌鸦比狼更有生存优势。

紧接着，食物争夺战拉开了帷幕：一头灰熊正径直奔向死鹿。狼群赶紧吞下几口肉，跑到几米外，卧在草丛中躲起来。其实，在夏天的黄石公园里，几乎所有被狼群猎杀的动物，最后都会被熊霸占。和熊老大交手，犬科动物可没有胜算。现在，狼群只能等待，反正这个抢食的家伙早晚会吃饱。

在接下来的几个小时里，我们看到熊舒舒服服地享用鹿肉，"手脚"并用大快朵颐。这期间，有20来只乌鸦试图偷食。与狼对乌鸦尊重、冷静的态度比起来，熊老大明显十分厌恶这些"小麻烦"，为了赶走这些讨厌的乌鸦，熊老大不停地挥打着它强有力的前爪，就像人们驱赶蛰蝇一样。

也许在远古时代，原始人就早已认识了狼和乌鸦。通过观察、学习，他们得出了自己的结论：在寻找食物的时候，原始人会盼着狼群出现。因为他们知道，狼群可以给其他物种提供充足的食物，而乌鸦则会帮助他们找到狼群的位置。

传说中，北欧战神奥丁（Odin）带着他的两只乌鸦海吉（Hugin，代表思想）和牧林（Munin，代表记忆），以及两只狼格利（Geri，代表贪欲）和扶雷奇（Freki，代表暴食）来到战场，乌鸦和狼吃掉阵亡者的遗体，而女武神则负责将阵亡者的灵魂带回英灵殿。在这个人们传颂了几千年的故事里，人、狼、乌鸦和猎物都出现了。这一点引起了贝恩德·海因里希的思考：奥丁神话所描述的场景，是否就是人类在发展农牧文化之前所拥有的最初的文化形式——伟大的狩猎文化呢？

生活在加拿大和美国阿拉斯加地区的很多原住民，如今依然过着传统的部落生活。因为认为自己与动物息息相关，他们会用动物来命名部落，例如狼族、乌鸦族，而这些部落则把野狼和黑乌鸦视为他们的文化根基。

直到今天，人们依然把乌鸦称作"狼的眼睛"，因为它们站在高高的树枝上，能更快地察觉险情。而它们那特殊的嘎嘎声，不仅用于跟同族沟通，也被用于跟野狼交流。

乌鸦能发出250种声音，这其中有一些野狼可以听懂，就好像这两种动物精通同一门"语言"。乌鸦用"我——发现——食物——啦"的叫声引起狼的注意，告诉它们哪里有死掉或受伤的动物。乌鸦还会用"前方——有——危险"的特殊叫声警告狼群，有熊或美洲狮正在靠近它们的洞穴，让狼群有足够的时间将幼崽转移到安全地带。

在加拿大的班夫国家公园（Banff National Park），研究狼的德国专家金特·布洛赫（Günter Bloch）就专门观察过，野狼和乌鸦如何合作发现死掉的猎物。野狼通过观察乌鸦的举止，侦查尸体的状况，检测周围的环境，然后才会到死鹿旁与乌鸦会合。不管乌鸦，还是野狼，它们随时都在警惕有可能出现的"不速之客"，并计算好逃跑的可能性。它们知道，自己大概有多少时间来处理死鹿，因为下一个靠近食物的家伙很可能就是它们不愿意看到的威胁者。

对于它们来说，人或熊的靠近都意味着威胁。这时，野狼和乌鸦之前考虑的众多逃跑方式和路线就该发挥作用了。大多数时候，它们首先会慌张又快速地逃开几米远，然后再选择进入树林或者躲到其他安全地带，不管是哪里，一定是它们方便藏身的熟悉区域。

有时候，乌鸦也会飞到距离猎物最近的一棵树上，而狼也只是跑到不远的树林边上。然后，它们一个在树上等，一个负责观察那些不请自来的可疑"客人"，就这样"坐等"危险过去。这也不失为一个好的战略，至少是最节约力气的。

乌鸦到底有多聪明呢？我的回答是可以媲美黑猩猩。每年冬天在黄石公园里，我都能看到那些嘎嘎叫的大黑鸟用喙啄开雪地车上放着的背包的"魔术贴"，将里面的东西洗劫一空，以至于公园服务中心不得不警告游客：雪地车停下后，一定要有人在旁边照看。

我和游客们继续观察：山谷中，死鹿躺着的地方又恢复了平静，灰熊吃得圆滚滚的身影渐渐远去。这时，野狼从藏身的草丛里走过来，接着吃剩下的碎肉。乌鸦显得有些无聊，开始玩它们最喜欢的游戏——"调戏狼"：有一只狼正卧在那儿，慢悠悠地啃着碎肉，两只乌鸦却合伙把它气成了神经质。只见这两个家伙总是跳来跳去，叼食狼正在吃的小肉块，其中一只乌鸦还跳到那只狼的后面，扯它的尾巴。狼不得不扭过身来，另一个同伙就迅速叼起地上的小肉块，飞走了。

其实，我还看到过比这三个家伙更精彩的场景。那是在冬天，一具动物的尸体旁围满了乌鸦，还有一只郊狼和一只白头海雕。郊狼想把乌鸦赶走，但徒劳无果。后来，郊狼叼起一块肉，打算到旁边慢慢吃，但是有一只乌鸦跟着它。郊狼吃肉的时候，乌鸦就不停地扯它的尾巴，郊狼一扭身，肉就从它嘴里掉了下来。说时迟，那时快，白头海雕从空中俯冲下来，抓住肉飞走了。当时，美国《国家地理》的动物摄影师鲍勃·兰蒂斯（Bob Landis）和我正好看到这一幕，而郊狼那张愤怒又困惑的脸就这样永远地定格在了胶片上。

因为乌鸦熟悉猎食者的肢体语言，会对不同的狼做出不同的反应，所以它们招惹四条腿家伙的"战术"其实是经过计算的。乌鸦很少招惹动作强势的野狼，但会飞着撞击或者用喙啄击那些靠近动物尸体后，对肉格外渴求的家伙。显然，乌鸦知道哪些狼会"容忍"它们的不良行为。

贝恩德·海因里希把乌鸦称作野狼的宠物，因为它们一起狩猎，相互合作又彼此试探。野狼和乌鸦之间的信任是从小培养的：为了能直接看到野狼生产的洞穴，每年乌鸦都会把新巢直接筑在狼穴附近，这使得小狼和小乌鸦从各自的社会化过程一开始就互相影响，它们之间的关系也历久弥坚。

早在幼狼还生活在洞穴里的时候，人们便可以看到成年乌鸦跳到洞口，好奇地朝里面张望，或是忙着捡起野狼的粪便、吃剩的骨头带回鸟巢。

羽翼渐丰的小乌鸦们也总是在洞穴附近逗留，像是在等着看小狼爬出洞穴，或者是等着成年狼带着食物回家。

三四周大的狼宝宝会跌跌撞撞地爬出洞穴，而外面是密切注视着它们的乌鸦。小狼学习认识狼群成员的时候，先是认识爸爸、叔叔、姑姑，然后是兄弟姐妹，再接下来认识的就是家里的宠物——乌鸦。从那时起，小狼就会一直和乌鸦在一起，不仅能识得它们的样子，更是在脑海里留存了它们羽毛的味道。

小狼和乌鸦每天抬头不见低头见，很快就能打成一片。嬉戏打闹、偷走对方的食物或者互为对象练习伴攻。在幼年时期，小乌鸦比小狼厉害，老喜欢戏弄小狼。小乌鸦用喙啄小狼的皮毛、拽它们的尾巴或者吓唬它们，这些都是乌鸦每天的娱乐项目。大多数时候，乌鸦对待小狼还是比较温柔的。但有时候，小狼也会被乌鸦强有力的喙啄伤。所以，这些戏弄其实也是乌鸦的试探，试探接近小狼时合适的距离与速度。但随着游戏角色的变化，小狼从"猎物"变为了"猎手"，它们潜近旁边的乌鸦，然后努力地跳起来，扑住它们。

就这样，狼和乌鸦两个不同的物种慢慢地建立起了对彼此的信任。

对于狼来说，乌鸦不仅是警报器、烦人的"同桌食客"、年少无知时的玩伴，还是洞穴周围的"清道夫"——乌鸦会捡食野狼的粪便，成年狼的粪便中含有未消化完全的骨头和皮毛，乌鸦可以从中挑出并享用，而幼狼的粪便更是会被乌鸦整个吃掉。

通常，狼群狩猎后返回洞穴，利用呕出的半消化的食物哺育幼崽。乌鸦则会趁机从没有经验的狼崽那里把食物偷走。而有些乌鸦甚至跟着狼群从猎兽的地方回到洞穴，就等着吃热乎的、被嚼烂的肉。

作为四条腿的猎食者，野狼杀死乌鸦的情况极为罕见。对于这些长着羽毛的小伙伴，即便是成年狼也依然会放纵它们的任意妄为。我经常看到乌鸦招惹休息中的野狼，它们一会儿叼一下狼的尾巴，一会儿啄一下狼的爪子。不过，野狼大多只会被烦得站起来，换一个方向继续趴着。其实，乌鸦正是借由这种看似捣乱的行为，了解到每只狼的忍耐限度和处事方式。

野狼与乌鸦之间也会上演感人的一幕。一次我看到拉马尔狼群在吃饱喝足后，躺在雪地里午休。突然，我看到一只母狼的两只爪子中间有一只死乌鸦。我并没有看到是谁杀死的乌鸦，也不明白死乌鸦怎么会出现在母狼的怀里。但当狼群动身准备离开的时候，我看见母狼叼着死去的乌鸦向河边跑去。它把乌鸦放到一块冰面上，尸体开始慢慢地往水里滑，母狼站在那里看着，它歪了一下头，然后出人意料地将头探入水中，当它出来的时候嘴里叼着乌鸦的尸体。母狼这是在做什么呢？很明显，它在给乌鸦寻找安葬的地方。最后，母狼找到一个小雪洞，它小心地、轻柔地将乌鸦放进雪洞，并用鼻子拱来积雪把洞口掩盖上，之后才跑去追赶狼群。在我看来，它真的像是在埋葬一位挚友。

在大自然中，不同物种的动物可以成为朋友，并利用彼此的长处生活在一起。乌鸦从野狼那里得到的包容就是最好的证明。可是，对于我们来说，虽然出身不同、肤色不同，但同为人类，为什么相处起来却如此困难？

成功没有捷径，唯有拥抱和享受生活。

阿图尔·鲁宾斯坦（Arthur Rubinstein）
美籍波兰裔艺术家、钢琴家

狼的狩猎战略

制订计划是一件多么重要的事儿

小家伙尤尼奥尔（Junior）正在谋划着一件"大事儿"：它出生以来的第一次独自狩猎。几个月来，父母一再给它讲解如何悄无声息地逼近猎物、如何找出猎物中的羸弱者、什么时候才是最佳的进攻时机，叮嘱它什么时候要当心。每次和"大人们"一起去狩猎，尤尼奥尔都会认真地观察它们的动作。它已经成功逮到过一两只兔子了，此时的尤尼奥尔踌躇满志，认为自己可以独自狩猎了。

这一天终于到了：尤尼奥尔小心翼翼地朝着猎物逼近，它的目标正在悠闲地吃草，偶尔抬头眺望下远方，并没有注意到身后有偷袭者。只见尤尼奥尔目标笃定，匍匐前行，在距离猎物的臀部只有大概半米远时，小狼突然停了下来，因为它发现，自己的猎物根本不是麋鹿，而是一头重达 700 千克的美洲野牛。

看到野牛，小家伙惊呆了，它回头朝自家洞穴看了一眼，发现没有家人在场，没有兄弟姐妹可以伸出援手，尤尼奥尔只好束手无策地趴在原地。也许是它弄出了什么声响，又或许是野牛嗅到了尤尼奥尔的味道，反正大野牛扭过头来看了一眼这个愣头青，然后居然扭过头继续吃草，就像什么事都没有发生一样。这时，一只苍蝇飞过来，野牛甩着尾巴驱赶它，那尾巴几乎就是拂着尤尼奥尔的鼻尖来回摆动，吓得小狼夹紧尾巴转身跑掉了。

谁让它之前没有学习过如何对付野牛这种长毛怪兽呢！在接下来的日子里，尤尼奥尔不断地参与演练、实战，不懈地观察那些经验老到的狼如何狩猎。虽然最初的时候，它还是偶尔会失败，但在几个月的历练之后，尤尼奥尔的狩猎技艺日臻成熟。若干年后，昔日的小家伙不仅变成了出色的猎手，还成了狼群的头狼。

在黄石公园，拉马尔山谷是观察野狼和猎物角逐的最佳地点。为了躲避严寒、获得食物，猎物们会在冰天雪地的冬季迁进山谷，而它们的天敌——野狼，已在此恭候多时。

在这里，我看到过很多场猎杀：一只母狼在湍急的河流中攻击麋鹿，狼群追逐快速奔跑的羚羊群，以及多达 37 只野狼围杀一头麋鹿。每一个场面都触目惊心，而过程之血腥更令目击者窒息。拉马尔山谷不仅是狼群的领地，也是猎物们为自己选择的栖息地，因此猎物和狼群一样熟悉自己生活的地方，在这样不利的环境下，野狼的生存能力、锲而不舍的精神和坚毅顽强的性格远超人类。狩猎技能在狼群中薪火相传，去狩猎的狼群会像军队作战一样部署狩猎计

划，并根据环境和猎物的变化适时调整战略，它们充分利用天时、地利与"人"和，最后坚定不移地向着目标扑杀。当然，猎物们的防御技能对狩猎的成败也有决定性的影响。

狼群深谙"应未雨绸缪，勿临渴掘井"的道理。在每次行动之前，它们都会预先评估各种行动计划。狼群目的是猎杀对手，所以它们不打无准备的仗，那样不仅损耗体力，还有可能带来丧命的危险。

狩猎时，野狼会通过细心观察，先在一群猎物中寻找体弱多病的个体。它们能探察到人类不易注意到的事情，像细微的脚步声或是微弱的叹息声。这一点我在狼园实习时就已经深有体会了。

狼园里生活着若干个狼群和一大群美洲野牛。星期天是游客观赏日，一到这天，我们就会挑几只机智的狼，把它们赶进牛群。不过观众们无须担心会有流血事件发生，因为被选出参加活动的野牛都很健硕，狼几乎不可能猎杀它们，所以根本不会发生什么惊悚的事。那几只狼只会在开始的时候围着牛群转上一两圈，然后发现自己在这些健硕的家伙身上根本找不到进攻点，而后就会悻悻地跑开。

但有一次，狼群似乎找到了进攻对象，它们合围了其中一头野牛大概半个小时，期间还跃跃欲试地对其展开攻势。直到一周后，那头野牛被发现得了肺炎，我们才意识到，原来狼群已经先于我们发现了野牛不对劲的地方。可见，敏锐的探察力是狼与生俱来的能力，无论狼受到怎样的圈养和禁锢，都不会丧失这种本能。

对猎物敏锐的探察力不仅帮助狼群找到猎物身体上的弱点，还会在心理层面给猎物以极大的威慑。有的家伙就是因为承受不住狼群的凝视，脱群落单，从而犯下了致命的错误。

在黄石公园，麋鹿是野狼最主要的狩猎对象。这种高大的美洲大角鹿，一头就够狼群吃好几天了。因为一只东加拿大狼的体重一般在50~70千克，一头麋鹿的体重可达350千克（母鹿约240千克，幼犊近100千克），而一头野牛就差不多有一吨重，所以跟体形庞大的野牛相比，猎杀麋鹿的危险性相对小一些。

你能想象跟一个体重是自己六倍的人格斗的场面吗？野狼进攻美洲野牛的时候就是那样，因此精明的狩猎战略绝对是必要的。狼群狩猎的战略精髓一直都是观察、合围、试探，最后进攻。我曾经看见野狼像兔子一样用后脚趾骨和跗骨着地，立着窥视山丘上的情况，它们或藏身于灌木丛中，或以巨石为掩体，静待猎物现身。夏天的时候，它们会藏在草丛里，匍匐在地，一点一点地靠近猎物。有时，它们还会像猫一样，一步一顿地缓缓靠近，如果这时麋鹿恰好朝这边看过来，那么野狼就会保持不动，直到麋鹿把目光移开。野狼这样做的目的只有一个，那就是在猎杀前尽可能地靠近猎物，而不被察觉。

面对野狼的进攻，麋鹿的反应通常是逃窜。其实，它们如果能够紧紧地聚在一起，那么野狼对鹿群的兴趣不会超过30秒。但麋鹿一旦逃散，野狼就会开始追击落单的家伙。狼群可不是无组织的散兵游勇，它们分工明确，团队配合默契，并且令行禁止。在对付目标猎物的时候，野狼还会兼顾同伴的情况。在整个进攻过程中，它们不断地交流，快速高效地把所有潜在猎物都试探一遍，最终锁定进攻对象后，狼群离成功就不远了。

如果狼攻击的是只有几天或几周大的幼鹿，那根本就不用追逐扑杀，它们会直接冲过去，把幼鹿从母鹿的怀里拽走。此时奋力反击的母鹿才是狼要全力对付的目标。

如果猎捕的是落单的麋鹿，那么与麋鹿直面相对或者在其背后，对于狼来说，都是极其危险的，因为它们很可能被麋鹿有力的蹄子蹬踏而遭受重伤。这个时候，就需要至少两只狼来配合行动，它们分别跑在麋鹿两侧，伺机咬伤它的后腿，让麋鹿失血而变得虚弱。野狼不会直接去咬麋鹿的咽喉，因为那样太危险，但对幼鹿或其他更小一些的猎物，野狼都会直接咬住它们的咽喉，令其窒息毙命。

狼群最喜欢的猎杀方式是伏击，一只狼先跑到前面隐藏起来，然后其他成员把鹿朝这个方向驱赶，等到关键时刻，杀手便从藏身之地跳出来，对目标发起致命的一击。

不过，猎物们也会自卫反击。特别是在冬季结束的时候，因为经历了漫长的严寒和疲惫的交配期，公鹿们的体力已经大为消耗。如果在这个时候遭遇狼群袭击，它们不大会四处逃窜，而是选择迎敌而上，那么对于野狼来说，一定得躲开这些家伙的角和蹄子。

与公鹿相比，母鹿则喜欢逃到水里，妄图凭借长腿优势过河逃难。然而面对美味的诱惑，野狼可不会介意涉水追杀。

我曾经看到五只狼合围猎杀一头母鹿，那场景绝对令人胆战心惊。我看见那头母鹿的时候，它正在谷内的平地上吃草，偶尔望望天空。只见它对着一团正穿过荒原和灌木丛向它移动的不明之物凝视了一下，天啊，它发现那居然是狼群！接下来，我面前就上演了一场绝杀般的死亡之舞。五只野狼和一头麋鹿，进攻者和猎物，紧锣密鼓地出演了一系列舞步，搜寻、合围、观察、进攻，最后是猎杀。只要盯上母鹿的步伐节奏，你完全可以猜到下一步会发生什么。因为野狼通过麋鹿的"舞步"不仅判断出它的实力，还估计了自己有多少胜算。

其实，所有经验老到的猎手都可以通过"观赏"麋鹿的步态来判断其身体状况。一头健康强壮的麋鹿头部高昂，甩头动作轻盈伶俐，这样它可以轻易地察觉四周的敌情。麋鹿轻盈曼妙的舞姿俨然如舞者弗雷德·阿斯泰尔（Fred Astaire）的雨中漫步。它会突然四腿腾空跃起，活像啦啦队队员在表演，这个动作不仅展示了自己的强健，更像是一种挑衅，似乎它在跟对手说："来呀，抓我啊！"展示之后，麋鹿停下短暂的"表演"，登时就冲向进攻者，体力充沛的麋鹿在冲过去的时候步伐会非常大，进攻者为了避免受伤，大都会向后退，以避开麋鹿棱角分明的蹄子。麋鹿就这样轻而易举地从狼口逃生了。

而我眼前的这头母鹿显然不是一头强健的麋鹿，所以五只野狼对它紧追不放。虽然被逼入绝境，但母鹿依然拼尽全力地逃跑。可惜很快它就被狼群追上了，野狼从母鹿的两侧包抄，冲着它的两肋和脖颈张开大嘴。为了赶走袭击者，母鹿踢出一只前蹄，一只狼被踢翻在地，但它只是在雪地里打了几个滚，就翻起身继续攻击了。五只狼就像吸盘一样牢牢地附在母鹿身上，紧紧地咬住不松口。最后，猎物趔趄了几下，轰然倒地。两只狼迅速地咬向母鹿的咽喉，而另一只狼则直接去撕它的肚皮，最后两个家伙各自叼扯住了母鹿的一条后腿。母鹿试图甩开它们再次站起来，但它终究未能挣脱。

看野狼撕咬猎物，真的让人感觉很不舒服。对于感情细腻、心肠柔软的人来说，那场面简直是一种折磨。每次面对这种场景时，我都不得不特意提醒自己：野狼只是为了生存，它们还有嗷嗷待哺的幼崽。

　　曾经有一位动物影片制作人跟我讲，有关猎杀的纪录片通常都是经过剪辑的，因为要顾虑观众们的感受。所以，那些美化过的片子并非真实的猎杀场面，如果让人们观看实况，一定会感到无比惊悚。我曾看到有游客向灰熊投掷石头，因为他们认为，灰熊杀死了"小鹿斑比"。

　　每次我带团观狼，出发之前都会和游客碰个面，听听他们对观狼之旅所抱的期待。我会放视频给他们看，其中就有野狼狩猎的影像。曾经有一位女团员激动地谴责我，说她不想看野狼撕咬麋鹿的惨烈场面，随后她就放弃了旅行报名。

　　虽然我们都希望大自然能像迪士尼影片里演的那样，但是大自然终究是大自然，这里的死亡充满了血腥和恐怖。野狼捕猎只是大自然的一部分，对于它们来说，那既不是罪恶，也不是凶残，只是为了生存。在狼群狩猎成功后，你看到的不仅仅是它们的疲惫、撕咬猎物时的残忍，或是幼崽们吞咽食物时的贪婪，还能有幸欣赏到它们舔着唇上残血、享受胜利的喜悦，以及饕餮大餐后洋溢在脸上的幸福与满足。这些画面使我懂得，每一件事都有其意义。虽然野狼是嗜杀成性的杀手，但更是对家庭担负责任的庇护者。在我眼中，它们的残忍可远远不及现代的工厂养殖或者运输贩卖动物。

　　狼群是否每次都能杀死狩猎的目标呢？答案并非如此。大多数时候，野狼都处于饥饿状态，而差不多 80% 的捕猎行动是以失败告终的。食物供给不足的时候，野狼就以老鼠、田鼠或河狸果腹。它们与猫科动物不同，并非纯肉食动物。在进化过程中，生存环境及食物选择使野狼进化成为选择性食肉的杂食动物。也就是说，除了将有蹄类动物作为主要猎食目标外，狼还会吃腐肉、鱼、水果等食物。有些狼还会有自己偏爱的口味，例如生活在加拿大西海岸大熊雨林里的狼就喜欢捕食鲑鱼，但它们只吃鱼头。生物学家分析了狼形成这种癖好可能的原因：首先，在鲑鱼脑部和眼组织中含有大量的 DHA，俗称脑黄金，可以改善狼的神经系统功能；其次，食头癖也可能是狼后天进化的结果，以保护自己免受寄生虫的侵害，因为部分鲑鱼体内含有能使犬科动物丧命的寄生虫，而这些寄生虫主要集中在鲑鱼的肌肉组织中，头部则相对较少。

另外，还有喜欢吃南瓜的狼。在西班牙南瓜成熟的季节里，当地的野狼简直让农民们崩溃，它们几乎会把所有的南瓜都啃咬一遍。

当然，狼还是绝对的投机分子，所有毫不费力就能猎杀的动物，比如人们散养的牛羊，都会成为它们的目标。

从体力上来讲，狼其实并不适合猎杀大型动物。听我这么说，你会很惊讶对吗？毕竟它们可是狩猎高手啊！但狼群即便在狩猎的时候采取了团队协作的方式，成功的概率依然很小。为什么它们大多数的狩猎行动会以失败告终呢？

因为在猎杀大型猎物的时候，有诸多因素加大了狼捕猎的难度，如在撕咬方面，狼无法像大型猫科动物那样对猎物一招致命，因为它们的嘴部偏长，减弱了咬肌的力量；而狼的獠牙和门牙也会随着老化磨损而变得不再锋利。狼不像狮子和熊，有着长长的爪子和强劲的前腿肌肉，这让它们难以抓牢猎物。野狼所拥有的不过是超常的奔跑能力和适合撕咬的颌骨，因此对于狼来说，最安全的捕猎方式就是追上猎物，咬住致其失血，在猎物变得虚弱时，瞄准时机发起致命一击。狼群在狩猎时，会严格按照年龄、性别及地位分配任务，不同分类的狼会有各自不同的任务。狼群中最好的猎手一般是2~3岁大的狼，而同样年龄的狼，体格小的要比体格大的狩猎能力差，因为在狩猎大型动物时，肯定会有身体方面的对抗。此外，公狼在击倒猎物方面更具优势，而母狼则在追捕方面更胜一筹。

还有一个影响狩猎成败与否的重要因素，就是狩猎规模的大小。四只狼出猎比两只或三只狼出猎成功的概率更大。虽然这种差别在猎捕麋鹿时看不出来，但猎捕目标是野牛的话，狼的数量和团队协作就显得尤为重要了。

野狼终其一生都在学习如何狩猎。它们通过观察父母及其他家庭成员在狩猎时的表现，将演练在狩猎时付诸行动，并及时总结经验教训。

对于野狼来说，它们的猎物差不多有一半是在"陷阱"中发现的。例如，为了摆脱狼群的追踪，母鹿习惯逃到河里，可如果河水太浅，那母鹿就失策了；如果鹿群发现附近有狼出没，它们就会爬上较高的山丘，在那里野狼猎杀起来会困难一些，又或者它们会刻意跑到马路上，因为有的狼群不敢靠近人类。但是，由于野狼的蓄意利用，麋鹿的这些躲避策略也有可能成为"陷阱"，有时狼群会刻意到人类和车辆出现的马路上去围堵，当着游客的面以及摄影师的镜头杀掉麋鹿。

生存还是死亡！猎手和猎物各有各的策略，但其核心无疑都是预先的周密安排以及适时的计划调整。

如果对于狼来说，猎杀麋鹿是一件不安全的事，那么攻击上吨重的野牛就更加凶险了。在狼的狩猎对象中，野牛是最难猎杀的，比猎杀麋鹿、麝牛要难得多。狼群猎杀野牛时不仅需要强大的体力，更需要强大的心理素质。莫丽狼群就完美地具备了这两种素质。每次看到它们出现，我总会想起西部老电影里印第安人骑马列队走在山脊上的画面。莫丽狼群在巅峰时期曾拥有20只黑色巨狼，它们异常凶猛，曾勇敢地闯入对手的领土腹地，即便陷入混战也依然保持着整齐的阵形，坚不可摧。

很长一段时间里，莫丽狼群都试图在它们的旧领地拉马尔山谷重新站稳脚跟，但那里猎物丰盛的土地都早已易主了，最后它们不得不迁出，前往鹈鹕谷地（Pelican Valley）。鹈鹕谷地在黄石公园深处，海拔高，交通不便，但地肥水美、草木兴盛，因此春夏两季的鹈鹕谷地简直是麋鹿和野牛的天堂。对于野狼和灰熊来说，这里也是猎物充足的好地方，而且还没有公路和游人的干扰。但是一到冬季，寒冷的大陆性气候使鹈鹕谷地变得寒风刺骨、冰天雪地。在这种恶劣的天气下，麋鹿和母牛会带着后代相继迁往拉马尔山谷，剩下的都是公野牛。其中有些上年纪的家伙，勉强靠着地热融化积雪而露出来的那点稀疏的草坪维持生命机体。为了减少能量消耗，储存脂肪，它们都很少走动。

在鹈鹕谷地度过了若干个冬天后，莫丽家学会了如何对付野牛，恶劣的自然条件使它们成了完美的野牛猎杀者。在猎杀野牛的时候，莫丽狼群不仅展现出它们卓越的狩猎技巧，还展现了它们无与伦比的智商。

遭到攻击的野牛通常不会选择逃跑，它们就待在原地，狼群非常痛恨猎物的这种反应，因为这意味着该猎物有足够的能力抵抗。正如野牛，它会把硕大的头撞向攻击者；攻击者如果是从侧面进攻，那野牛会以闪电般的速度扭转身体；而直面攻击野牛更是毫无成功的可能，野牛会结成团队防御，围成一个圈子，把幼犊和母牛围在里面，形成坚不可摧的碉堡；只有当它们一排排相继在雪地里奔跑逃离的时候，被咬伤的概率才大一些。而对于狼来说，即便猎杀的是身体虚弱的野牛，也是个巨大的挑战。

野狼研究项目组的领导、生物学家道格·史密斯曾经拍摄到8只狼猎杀一头野牛的画面：野牛在被猎杀前，反击杀死了一只55千克重、10个月大的母狼，并重伤了另外两只狼。野牛用牛角将那两只狼挑起，抛向高空。在这场猎杀中，雌性头狼的腿也受伤了，瘸得非常严重。这也证明了，只有那些经验老到的狼才有可能在与野牛的激烈搏斗中存活下来。

为此，莫丽狼群在狩猎时，会尽可能地利用一切有利因素。在鹈鹕谷地，为了在冬季找到食物，野牛会迁到山顶，那里风大不易积雪。即便有点积雪，大地回暖的时候也会很快融化露出草来，在那里野牛有比较稳定的食物来源。如果附近有狼出没，野牛会待在山顶几乎保持不动，以便储备能量对抗。即便周围没有攻击者，野牛们也不会四处溜达，因为其他地方的积雪不利于野牛防御，但这一点恰恰有利于狼群的攻击。

莫丽家每隔五到七天就会捕上一头野牛。为了更好地观察它们的狩猎行为，生物学家抓住莫丽家的几个成员，给它们戴上了无线项圈，其中包括两只一岁大的小狼，但它们的体重差不多已有70千克重了。

最后，生物学家丹·麦克纳尔蒂（Dan MacNulty）拍下了 14 只莫丽狼"屠杀"一头公野牛的壮观画面：狼群把野牛逼着陷进厚厚的积雪中，然后有狼跃到野牛的背上，撕下大块大块的肉；野牛殊死搏斗，想要抖落身上的狼，它用头四处乱撞，用角撞击身旁的野狼。这场激战长达数个小时，狼群和野牛都耗尽了体力，身体变得越来越虚弱，而狼群的坚毅最终让它们成功地杀死了野牛。

人类或许很早就学会了野狼的策略，即把有攻击难度的猎物先逼进绝境再猎杀。在很久以前，我们的先人就意识到自己和狼很像，都是肉食动物，狩猎时会团队行动，且各有分工。估计当时人与狼的体重也差不多，都喜欢把大型食草动物当作猎物。经过周密的部署和紧张的战斗，人也可以像狼一样杀死那些比他们跑得更快且更强壮的猎物。

尽管在基因上，人和狼没有族源关系，但是野狼向我们揭示了古代猎人们的生活方式：他们以与狼相似的方式狩猎、吃喝、社交、安排日常事务，以及进行各种仪式性活动。今天人类与野狼依然生活在同一个生态系统中，并保持着相似的生态平衡。因此，我们的科学研究也应该以人、狼的共同演化作为出发点。

除此之外，在逆境中制订新的战略，谋定而后动以求得成功，在这一点上，莫丽狼群也为我们做了完美的示范。当合适的猎区都被其他狼群占据的时候，它们没有因为无立足之地而抱怨世界的不公！当时它们面前有两个选择：发动战争，和其他狼群争夺领地；或是开发新的猎区，找寻可替代的猎物。莫丽狼群选择了后者，在夹缝中求生，虽然充满了危险和不易，但正是这样的困境把它们塑造成黄石公园内最强大、最可怕的狼群。

在观察野狼的时候，你要学会对非同寻常的事情泰然处之，尽管有时一件事惊奇得就像侦探剧一样。2006年4月就发生了一件令生物学家咋舌的事，要知道这些人可都是长期从事野狼研究的，而我也是自参与以来，第一次亲眼看到陌生狼群围攻本地狼群"产房"的事情。

沼泽（Slough）狼群由12只狼组成，其中有3只母狼马上就要生产了，所以它们都围守在生产的洞穴附近。而此时12只陌生的狼进入了它们的领地，入侵的狼群中也有一只待产的母狼。入侵者在沼泽狼群的洞穴附近驻扎下来，并企图阻断它们带回食物的路线。起初，沼泽狼觅食回来、从入侵者身旁路过的时候，它们只是互相怒视、低吼和对骂。但是有一天，一只成年的沼泽狼死掉了，而它的伴侣——其中一只待产母狼，也失踪了。鉴于入侵者的威胁，另外两只待产的沼泽母狼（其中一只是雌性头狼）搬进了同一间"产房"。毕竟与分散在两个洞穴相比，这样更有利于狼群的防御。

入侵者的围攻应该是发生在4月13日的夜里。一大早我到达观测点后，看到9名入侵者慵懒地躺在沼泽狼群生产的洞穴周围。看得出来，一定是在夜里的某个时刻，入侵者们接管了这一领地。它们似乎对"产房"非常感兴趣，时不时地有入侵者把头伸进洞穴窥探，然后又很快跑开。借助无线信号，我们确定了洞穴里除了有两只沼泽母狼和新生的狼崽外，还有另外一只狼。

新生的狼崽需要大量的奶水，一旦母狼被杀，狼崽也活不了多久，所以沼泽母狼的处境极其危险。

入侵狼群中的待产母狼曾几次试图进入洞穴，但是每次都被里面的母狼轰赶出来。入侵者对"产房"围堵了13天，期间有一只一岁大的沼泽小狼在夜里时不时偷偷地往洞穴里带点吃的，但是食物太少了，远远不够吃。没有食物，母狼们就没有足够的奶水喂养新生狼崽，最后这些狼崽一个也没能活下来。

原本坚守在附近的沼泽狼群的雄性头狼和另一只公狼，最终也选择了放弃，它们退进了拉马尔山谷。而入侵者中的待产母狼则进入了原沼泽狼群的另一个"产房"，于4月24日生下了自己的狼崽。

次日，趁着入侵者没有察觉，那两只沼泽母狼成功地逃出了洞穴，和狼群会合，与家人（可惜这次没有新生的狼崽）一起西迁。

4月27日夜里，局势又一次骤然紧张，沼泽狼群杀了个回马枪。在这次争斗中，沼泽狼群失去了一只成年狼，而它们的头狼也因受重伤，不久后便去世了。

不过，入侵者也付出了代价。几周后，当它们离开原沼泽狼群领地的时候，队伍里并没有刚刚产下的狼崽。这些小家伙到底是被沼泽狼群杀死了，还是因为母亲的紧张压根儿就没能活下来，真相到底如何，我们无从知晓。

我们不知道这个入侵的神秘狼群从何处而来，最后又去向何方。它们像幽灵一样悄无声息地出现、离开。之前的那一幕幕场景就像出自心理战手册那样经典，而它们只是要给家人寻找一个安全的新家，不过，战争终究导致双方两败俱伤。

人类有时也会像狼群一样，陷在夹缝中，找不到出路，这时我们需要主动去寻找突破口，在夹缝中求生存。有时候，突破口看上去可能不会那么舒适顺畅，但我们仍要创造属于自己的发展机遇。

从原则上来说，制订应对逆境的战略是非常重要的。因此，我们必须抛弃假想的境遇，清楚地认识到自己的客观处境。只有这样，才能有针对性地制定对策，从而打破逆境僵局，绝地求生。

每个人都必须在自然中、群体中、爱中耐心地等待，直至在属于他的时刻怒放。

迪特里希·朋霍费尔（Dietrich Bonhoeffer）
德国神学家

正确的时机

耐心等待才有肉吃

"绝不放弃。"想到温斯顿·丘吉尔（Winston Churchill）的这句名言时，我正在观察聚集在河岸的六只狼，它们面前的河水中站着一头瑟瑟发抖的鹿。显然，这头鹿为了躲避狼群，选择逃到河里，毕竟它有长腿的优势。而对于狼来说，如果要抓住鹿，它们就必须下河游过去，但考虑到鹿善蹬的前腿，水战太危险了。于是，狼群选择分成两组，分别趴在两岸，耐心等待时机到来。

野狼的世界每天都在上演着成功与失败，所以经验丰富的头狼都知道：与其铤而走险，不如静观其变。

没过多久，我又目睹了一场狼群狩猎，它们把一头强壮的公鹿赶到危岩边缘，然后像比赛中的拳击手一样，频繁地在猎物周围定位有利的进攻点，但再三思考之后，狼群却放弃了猎物，因为它们若是攻击，就有可能和公鹿一起跌入20米深的峡谷。为了不确定的成功而付出生命代价显然是不值得的，最后狼群退回到草地上，而那头鹿却久久站在危岩旁。

我之前提到的那头躲到河水中的鹿可就没有这么幸运了，每次它试图冲上河岸时，都被狼群重新逼回到冰冷的河水中。狼群知道，鹿的力气终会被消耗殆尽。六个小时后，它们终于得偿所愿，可以大快朵颐了。

狼的优点在于能够审时度势，伺机而动，后发制胜。就像处在危岩的狼群，盲目迈出下一步并无意义，另辟蹊径才是王道。智者绝不会将自己置身险境，而是以守为攻，顺势而为。在日常生活中，我们也会面临各种抉择，正确的做法就是停下来，分析形势，权衡利弊，然后再做出决定。

我自己也有过类似的经历：为了维护公平、正义，我曾经投入了巨大的热情，疯狂地学习法律，成为一名律师。但最初三年的职业生涯就让我感到绝望不已，不仅是那些离婚官司、交通事故、犯罪案件，还有周围充斥着的官僚气息，真是让我失望透顶。在总结分析自己的情况之后，我问自己是否真的愿意在后半生继续从事这个行业。答案是：我不想浪费自己宝贵的生命。经过一番深思熟虑，我果断地决定结束枯燥无味的律师生涯。之后我拟定了计划，评估了自己的经济状况，寻找收入不错的替代性工作，这份工作最好还能够同时满足我的梦想，即做和狼有关的事情。最后，我抓住了一个实习机会，在美国的一家狼园里做狼的行为研究，从而开始了自己"与狼共舞"

的生活。如果你问我是否后悔过自己的选择，我的回答是：没有！因为我从狼身上学到了凡事要朝前看！曾经作为律师，我生活得并不愉快，职业生涯也不成功，所以走到今天这一步是顺理成章的。放弃律师职业，改行研究狼的决定是我这辈子做过的最正确的决定。

现在回想起来，我依然觉得在貌似没有出路的时候，重要的不是立即做出决定，而是要忍耐，直到时机到来。

我曾经看到一只小母狼嘴里叼着一只还活着的地鼠，然后把它放到地上，像猫一样逗着它玩。母狼时而龇牙咧嘴，时而用爪子拍打小猎物旁边的地面，抑或趴在旁边发出呼噜声，以示震慑。但那只勇敢的小地鼠不为所惧，露出两颗大门牙，小前爪朝着狼的方向，看上去好像要打拳击。这场不公平的比赛持续了差不多10分钟。后来，另一只小动物吸引了母狼的注意力，地鼠便趁机迅速逃到了隐蔽处。

你看，这只小地鼠面临绝境时的求生勇气，完全可以证明我刚才说的观点。

顽强的意志和持久的耐力是我最欣赏的狼的两大特质。我个人的耐力不是强项，特别是在遇到困难的时候，总想着要立刻完成所有的事情。但是在黄石公园，我学会了重新定义时间这个概念，那就是不管你有多着急，大自然始终有它自己的节奏和周期。

我在黄石公园做了很多年向导，为来自德国的动物爱好者们介绍野狼，观察野狼喜欢驻扎的地方，了解野狼的个性和狼群的结构。

我会提示他们一些观察时的注意事项。在出发前的见面会上，大多数人会问我："还需要准备些什么啊？"他们问的主要是装备方面，然而这些都是次要的，必要的装备我可以提供。其实，观狼之旅最重要的是带上耐心，这是所有观察研究野生动物的人都必须准备好的。那些没有足够耐心的人，可能等上半个小时就会觉得无聊了。但我们必须学会等待，拥有坚定的意志，能够坚持对熟睡的小狼观察上几个小时。要知道，我们这些对狼痴迷的观察者，从四条腿的朋友身上学来的重要一课就是坚持，哪怕是在−30℃的野外等四个小时，才等到我们的观察对象悠悠地醒来。

在当今迅速发展的数字时代，人们看上去随时拥有整个世界，可以舒适安静地观察野生动物：五只狼在撕咬一头死鹿的尸体，而后灰熊把鹿据为己有，并赶走其他的竞争者。接着，灰熊用它们的经典方式将杂草和泥土盖在战利品上，开始打盹消食。此时，野狼则蜷缩在周围睡觉，树上几只白头海雕也用饥渴的眼神瞅着食物。它们都在耐心地等待，等待灰熊醒来走开，因为大家都知道，总会等到属于它们的那一刻。

进行过长期野外观察的人能够明显地体会到大自然有它自己的时间表，许多事情并不以人类的时间尺度来计量。1995年，黄石公园在时隔70年后迎来第一批野狼的回归，当时人们并没有意识到回归的野狼会给猎物物种以及整个生态系统带来什么影响。这方面的分析研究是在后来才展开的，时至今日仍在继续。所以，对大自然的领悟促使我用另一种角度来思考时间：人类的两三年相当于灰熊（30年）寿命的多少？这两三年对于一条万年的古老河流又意味着多久呢？对于森林里的树木，它们的时间概念可能又不一样了。每当我看到那棵古老的橡树，它的存在都会触动我：300年成长，300年存活，300年死而不倒。这棵树的确改变了我对时间的想法：在这个世界上，多种生命周期并存，它们不以人类的意志为转移，自由自在。

美国有一个番茄酱广告，画面上番茄酱源源不断地滴落到汉堡上，广告词是：好东西都会留给耐心等待的人。这句话也适用于狼群，它们总是受命运眷顾，能够在正确的时间守候在正确的地点。

2011年5月，我花了一整天时间来观察拉马尔狼群中的一只母狼。它只有一岁大，正在费劲地追赶羚羊。我怜悯地看着"她"，因为"她"追赶的羚羊是陆地上跑得最快的动物之一，时速最高可达70英里*，同时警觉性极高。对于这只没有经验的小母狼来说，真的是没有什么机会——我是这样想的。其实狼群中的小狼大多是独自追赶猎物，其他成员对它们没有意义的莽撞行为并不感兴趣。我则饶有兴趣地静静观察着"她"，不知"她"什么时候才能意识到，自己不可能追上羚羊。但是，突然有一只羚羊陷进雪洞，被绊住了。这时小母狼冲过去，猛地咬住羚羊的腿，紧紧地按住它，直到其他同伴跑过来，最后，大家一起享用了美味。我的想法这么快就被证明是错的了，小狼的坚持让"她"收获满满。时至今日，那只母狼已经成年，依然喜欢追赶羚羊。当然，可能这只狼天生喜欢挑战，又或许"她"每次尝试都在期待着有什么情况发生。总之，野狼再一次使我意识到：观察的时间越长，我就越不了解它们。

与人类不同，野狼的行为并不都是和成果、收益挂钩的。对于很多人来说，他们不允许自己犯错，如果没有成果就意味着耻辱，因受控于得失观念，往往屡遭挫败。人们忘记了尝试学习新鲜事物本身就是件迷人的事情。所以，人类需要培养耐心这门艺术，其中的精髓便是学会接受自然的生命周期，不强求事情按照我们人类的时间表来发展。

---

* 1英里≈1.6千米。——编者注

游戏是被人们低估了的一项行为。

雅克-伊夫斯·科斯托（Jacques-Yves Cousteau）
法国导演

玩耍的乐趣

为什么我们不应该制止嬉闹

黄石公园山谷内，沐浴在二月阳光下的拉马尔狼群正准备午休。有些家伙还没有睡意，生龙活虎地蹦跳、蹭亲、蹿跃；有的打滚，有的抬爪子扑打；甚至还有两个家伙在追逐戏耍时，发现从雪堆上滑下去很好玩，就一次又一次地跑上去，再滑下来，恣意纵情地像是小孩子一般。

此时，画面转切到班夫国家公园内，我们会看到生活在那里的育空（Yukon），尽管它已经是一只两岁大的成年狼了，但一举一动还跟毛头小子似的：踢着饮料罐，像足球运动员带球一样，一下又一下地向前。

并没有什么理由来解释野狼们为什么会有这些行为。拉马尔家的成员身体健康，没有能引起瘙痒的皮肤疾病；而育空作为颇有经验的猎手，也不需要再强化自己在捕抓方面的运动机能。所以，它们那样做，可能只是为了找乐子。

你也许会质疑这个结论，因为不论是我们学到的，还是某些书上写到的，都说愉悦感是人类所特有的。动物没有情绪，它们的行为仅仅是出于本能或者生存需要。但事实很可能并非如此！

就像野狼，它们仿若也是照着"努力工作，好好玩耍"的态度在生活。而且玩耍的价值之于它们不单单是找乐子，游戏不仅可以刺激多巴胺分泌，带来愉悦感，还是狼进行社会性学习的重要方式。

即便是成年狼，彼此之间也会追跑打斗，玩拔河、捉迷藏这样的游戏。它们还会叼着肉块儿或骨头，俨然是自己的礼物，大摇大摆地在同伴面前挑衅，直逗得对方开始追击。当然，还有那些老家伙，它们喜欢和幼崽嬉戏玩耍，好像又回到了青春时代。

我们还是把画面转回到最初的那一幕吧！两个滑雪的家伙还在疯玩，参与者越来越多，直到小不点儿们也开始肆无忌惮地跟着滑起来。这使得拉马尔家的大家长不得不干预进来，原本已经睡意沉沉的头狼挡在疯小子们滑行的路上，用严厉的目光制止孩子们的狂热。放肆的行为被迫结束了，小狼们喘着粗气卧倒在雪中，酣然睡去了。

游戏不仅可以用来进行交际，锻炼体能，还是巩固社会关系的实用手段。所以和人类一样，能玩在一起的狼，彼此也一定是朋友，就连睡觉也是卧在一起的。

　　玩耍、游戏是学习和锻炼的好机会，还可以从中积累经验，对付敌手。从道德伦理上来说，能熟练地运用和置换社会身份，在实践中进行公平的交际，这本身就是一门艺术。所以即便是动物间的玩耍，也需要遵守规则。对于狼来说，"黄金法则"也很适用。"要想别人怎样对待你，你就要怎样对待别人"这条规则要求游戏双方不仅要有共情能力，还要在游戏期间，甘愿搁置彼此在身型、地位等方面的差异。而那些不愿意参与游戏的家伙，会被群体成员孤立，结果往往是它们提前离开家庭，独自艰难度日。毕竟，家是可以提供一切的保障，而离群索居的生活显然要危险得多。生物学家马克·贝科夫（Marc Bekoff）认为，具有社会性的物种群体，会剔除那些不按既定规则游戏的"骗子"；反之，那些学习并遵循本族群道德法则，规规矩矩参与游戏的动物（包括人类），则可以存活下来并繁衍生息。他还认为，具有同情心的动物能够获得更好和更成功的生存和繁衍，这一猜测与达尔文的观点是一致的。

在狼群中，幼狼通过玩耍学会规矩与协作，知道什么行为是被允许的，而什么是不能去做的。它们在游戏中了解到，如果自己不遵守规则，就有可能受伤；如果自己行为过于粗野或不计后果，将导致对方失去玩耍的兴趣，那么自己也就会失去玩伴。其实，游戏的一个重要特征就是要学会自我控制。小狼们会在游戏中把握咬的力度。要知道，成年狼的咬合力是狗的咬合力的两倍，可以达到150千牛，合计每平方厘米1.5吨的力。仅这一点，就足以成为狼必须学会控制咬合力道的理由。

而对于成年或等级地位更高的游戏方来说，需要具备与下级互换角色的能力，因此甘愿俯首称臣则是另一条重要的游戏法则。大家还记得德鲁伊家的21号吗？那只8岁的头狼，成熟稳健，俨然已经到了岁月静好的年纪。但它仍然会和幼子玩耍，小家伙拉扯老爸的颈发，踢它的腿，并把老爸掀翻在地，然后再大胆地站到它的身上去。而21号则任由自己被掀翻，让小家伙获胜，因为这样，它的幼子就可以学会如何打倒并战胜一只高大、强壮的狼。

通过游戏中的自我控制和角色互换，小狼可以把握住对方的接受尺度，并学会解决争端的方式。这也是为什么我们人类要鼓励自己的孩子参加团队体育活动，即便他们可能会输，父母们也不必为此感到惋惜。

破冰是生活在黄石公园的野狼们最喜欢的游戏。它们站在刚结冰的湖面或河面上，跳起来用前爪狠凿冰面，直到冰面开裂；又或者是年轻的家伙们跑上冰面，撞来撞去，跳起来跃过其他的狼，径自滑得远远的，直到能收得住爪子为止，看着就像花样滑冰夹着碰碰车的游戏，一次一次地循环往复。

还有藏猫猫，也是狼群里老少咸宜、乐此不疲的戏码。一只狼藏在凹地或土堆后面，小心翼翼地探头观察对方在做什么，然后迅速地缩回去；而另一只狼则半真半假地寻找，只要它一接近躲匿地点，藏起来的家伙就会突然蹦出来，吓它一跳，接下来便是一通疯跑狂逐。

不管是什么东西，都能成为野狼的玩具。从小棍子、老骨头到破旧的皮毛，甚至一只可怜的老鼠，谁让它在错误的时间出现在错误的地点呢！不过最有趣的玩具还是人类遗留下来的东西，比如T恤衫、棒球帽之类的。曾经有几只狼拖走了修路工人遗落的橙色警示锥，这帮年轻的家伙围着新玩具蹿来跳去，警示锥被它们抛向空中，玩到最后只剩下一堆碎片了。

在自娱自乐方面，狼可以称得上高手。我曾经在某个秋天的观察中，看到一只母狼，因为极其无聊而去摘冷杉果。只见它靠后腿支撑立起，探着身子把果子拽下来，然后像抛乒乓球一样，把果子扔上天再衔住，或是跟着果子滑下坡。这足以说明，宁静的生活虽单调乏味，却可以激发出创意思维啊！

戏耍中也不乏好奇与探索。对于狼来说，大千世界无奇不在。它们从不认为事物是理所当然的，更喜欢自己去探索。每一个境遇于它们而言，都是神奇的、值得探究的，并充满了惊喜。多像孩童时期的我们啊!

美国生物学家戴夫·梅克（Dave Mech）是研究狼的专家,他为了研究一个北极狼群,在埃尔斯米尔（Ellesmere）岛上和它们一起生活了很多年。那些狼很快就熟悉了戴夫,它们不仅观察生物学家的每一个动作,还从帐篷里偷他的内衣、睡袋或其他东西。在细致地审视过那些物品后,狼还会在上面打滚儿。

而德国狼研究专家金特·布洛赫也有过类似的经历：金特的观察对象是生活在加拿大班夫国家公园的弓河谷（Bowtal）狼群,这些家伙最爱干的事就是偷走人们的野营用品,然后将其毁坏。这个家族曾经把抚养幼崽的洞穴挖在离宿营地150米远的地方,其中一只负责照顾幼崽的年轻母狼,每周至少三次特地摸黑进入宿营地,偷走游客们的棒球、枕头或背包。母狼把东西拖进洞穴,得到新玩具的幼崽们兴高采烈地与母狼一起研究那些物品,之后它们会把东西毁成碎片,把洞穴周遭变得犹如一片狼藉的战场。

后来,这个不良癖好竟然发展成为弓河谷狼群的集体活动。它们的幼崽玩的都是从文明世界偷来的垃圾,孩子们还试图弄到其他家伙手里的饮料瓶或者一截破睡袋。就连狼群的大家长也沾染了这种狂热的破坏欲,狼群因此在宿营地逗留了数周之久。即便到了秋季,孩子们都长大些以后,狼群还是多次回到这个"游乐场"来冒险,而且它们专偷那些能被撕碎的东西：有一天,宿营地的一棵树下出现了一只轮胎,应该是游客换胎后暂时放在那里的。狼群对停在旁边的越野车视而不见,而是立刻跑向轮胎,围着它闻来嗅去。很快,一只黑狼率先抓住轮胎,并像对待猎物一样开始撕扯。对于狼群的其他成员来说,这个动作如同启动信号一般,转瞬间轮胎就被它们撕成碎片，扬得遍地都是。

有时候我会问自己，我们人类的小孩，到底知不知道如何玩耍、游戏？玩耍是孩子们成长发展中重要的社会化过程，孩子的成长与发展不应该以手机或平板电脑的屏幕为伴！还有我们这些成年人，还知道怎么玩耍吗？我们每天那么忙，忙到没有时间待在家里，更不用说玩耍了。可是，生活中有一些东西，其实真的很重要，比如游戏。人类和狼，到底谁才真正懂得它的意义呢？

我们最本真的一面是我们有能力去创造、去征服、去忍受、去改变、去爱，这是我们战胜痛楚和苦难的力量。

本·奥克瑞（Ben Okri）
尼日利亚作家、诗人

当不幸降临……

面对失去，我们要像狼一样

那一天五点钟闹钟响起的时候，我已经在喝第三杯咖啡了。因为天还黑着，虽然起得早，我也无法驱车从银门镇的家前往黄石公园。我为野外观察准备了奶酪三明治、胡萝卜、苹果和一壶热茶。在装东西的时候，我心里极其不安，脑子里一直想着辛德瑞拉（德鲁伊家的雌性头狼）失踪的事，因为这件事我几乎一夜没睡。

之前一天，我在拉马尔山谷西边的沼泽溪附近还看到过辛德瑞拉。当时河面已经结冰，它和家人沐浴在午后的阳光中，正在休息。辛德瑞拉虽然是一只母狼，体重却达到了 50 千克，高大而健美，跟它的伴侣 21 号一样，一身黑色的皮毛，随着年龄的增长有些泛灰。当时看着它们夫妻俩依偎在一起，不时地相互亲吻，我感到心里暖

145

暖的，这么多年来，它们一直如此朝夕相伴，亲密无间。头狼夫妻身旁还分散着其他家庭成员——八只成年狼和九只小家伙儿。大家在雪地里打盹儿，其中有几只狼首尾相连地盘缩在一起。

我看着辛德瑞拉厚重的皮毛在阳光下闪闪发光，它从来没有像这样美丽耀眼过。这对头狼的伉俪情深令我动容，虽然辛德瑞拉一直是只坚强、独立的雌性头狼，但它的伴侣却始终如一地呵护着它。

在结束了对德鲁伊狼群的观察后，我沿着拉马尔山谷继续前行。当天返程的时候，我还想再看看辛德瑞拉它们，可惜狼群已经离开了。之后，我驱车回家。然而在晚上我和项目组的朋友们通电话时，得知再次现身的德鲁伊狼群里却没有了它们雌性头狼的身影，"狼群一直嗥叫呼唤，它们在寻找辛德瑞拉。"

我听到消息后就觉得事情不太对头。多年来对狼群的观察，让我具备了超强的第六感，对于不正常的事情我的直觉都很准。那天，我彻夜未眠，一直担心着辛德瑞拉，思虑着有可能发生的情况。

第二天，太阳刚刚在阿布萨罗卡（Absaroka）山脉后升起，天已破晓，我驱车来到了黄石公园。在沼泽溪畔，我看到了卡洛尔（Carol）和理查德（Richard）的汽车。他们来自俄勒冈，和我一样，每年都会到黄石公园数次，来观察狼群。辛德瑞拉也是他们最喜爱的雌性头狼之一。

大家面露忧色地打过招呼，我问理查德："怎么样？"

"还是没有找到！"

这时，远处传来的狼嗥打断了我们的对话。我们循声用望远镜看过去，山上出现了一只狼，皮毛灰黑，鼻子上有一道深色条纹，正是辛德瑞拉的伴侣21号。只见它在山顶蹲坐下来，挺直上身，向后扬起头，并发出一声长长的哀嚎。伴随悲鸣呼出的热气，冷凝成小小的冰晶挂在它的嘴边……

与此同时，西南方向一英里外的标本山脊（Specimen Ridge）海拔3 000米的高峰上，有两只狼正在兴奋地嗥叫，而黄石河（Yellowstone River）附近的塔区交汇处（Tower Junction）也传来了回应的狼嗥声。

不属于同一狼群的多只狼同时嗥叫可是鲜少出现的情况，而且这些叫声中充斥着紧张，完全不同于交配期的"骂架"。因此，我判断一定是发生了什么不同寻常的事情。

我们在焦急之中等来了生物学家里克·麦金泰尔，他随身带着无线遥测设备。里克开着黄色的铃木驶进停车区，看起来一脸严肃，我们都识趣地没敢同他搭话。里克下车后，一边沿着路走，一边转着手持式天线的方向，他仔细地辨听接收器里发出的"嚓嚓"声。那声音变得越来越大，可惜天线所指的方向让人忧心：德鲁伊狼群正身处其他狼群的腹地。这期间，我们一直都能听到21号的嗥叫，声声悲切；而辛德瑞拉依然不见踪迹。

"应该没事，辛德瑞拉和狼群成员在一起。"里克说着爬上汽车，他准备到别的位置再搜查一下无线信号。

"我也希望它没事。"卡洛尔小声说道。

随后，里克在对讲机里告诉我们，他捕捉到了辛德瑞拉发出的微弱信号，位置锁定在标本山脊。那里正是德鲁伊家的死敌莫丽狼群的领地。两个狼群为了争夺拉马尔山谷丰沛的猎场，多年来一直干戈不断，交战结果双方均胜负参半。虽然，德鲁伊狼群目前是拉马尔山谷的霸主，但是莫丽狼群对夺回领地也蓄谋已久。而辛德瑞拉的信号，此时正出现在莫丽家的领地内。

不久，空中传来了发动机的声音，我们看到生物学家坐着黄色的塞斯纳直升机，盘旋在山脊上方，他们也在搜寻辛德瑞拉的信号。因为直升机本身自带天线，所以可以从空中定位野狼项圈发射的频率。

"他们还在试图搜寻辛德瑞拉发出的新信号。"里克用对讲机告诉我们情况。只是，他并没有告诉我们，项圈传回来的应该是"死亡信号"，因为信号在那个位置一动不动已达数小时之久了。可这并不总是意味着一定会有不幸发生，偶尔也会有项圈脱落或失灵的情况。

但遗憾的是，这次并不是项圈故障。专家们从飞机上看到了辛德瑞拉倒在山峰上、还淌着血的尸体。随后，他们向我们报告了结果，我记得他们当时是这样说的："辛德瑞拉葬身于黄石公园内最美丽的一处景地，俯瞰整条黄石河。"

那天，项目组的同事们陆续都听说了辛德瑞拉去世的事情，消息传开之后，连附近的很多狼迷也赶了过来。在辛德瑞拉最后出现过的沼泽溪畔，大家自发地聚集在山坡上，看着已经归家的德鲁伊狼群。剩余的 16 只狼静卧在午后的阳光里，气氛压抑而沉重，异常安静。我们不禁同它们一起默默地哀悼在山峰上香消玉殒的辛德瑞拉。

当里克来和我们会合的时候，他眼含热泪，用平静而低沉的声音告诉我们辛德瑞拉是被杀死的。"我们尝试着还原了当时的情况，应该就是莫丽家干的。"他说。

卡洛尔在一旁抽泣。"幸亏当时我们没有在现场，要不然怎么忍心看得下去。"理查德说，"不过还好，它至少不是被人类射杀的。"

这时，我们看到辛德瑞拉的伴侣 21 号起身蹲坐在雪地上，再一次仰天长啸，那悲鸣声响彻山谷，令听者动容，闻者落泪。

转天，这只悲伤的公狼独自跑回了领地内的洞穴区。几年来，辛德瑞拉就是在那里把它们的小宝贝们带到世界上来的。21号在洞穴旁哀嚎了整整三天。再后来，它回到狼群，与另一只母狼结为夫妻，因为它知道，日子还要过下去。

不过，仅仅过了半年，21号也失踪了。几个月后，人们在多年来它和辛德瑞拉一起避暑的地方发现了它的遗骸，死因不详：可能是死于衰老，抑或是因猎鹿致伤而死。21号的失踪一度使得德鲁伊狼群再次陷入混乱。数月之中，它们又一次失去了大家长。狼群不停地呼唤、寻找……直到新的头狼夫妻出现，生活重新开始。

生活中有悲、有喜、有责任。长久以来，我们都认为只有人类才拥有驾驭感情的能力。虽然认知行为学理论通过研究动物行为（包括传授、习得、记忆、思维、感知和情绪）已经证实了，所有物种都拥有人类曾自诩为独有的那些特征，诸如判断、理智、预测、空间感知，等等。但是，动物同样可以驾驭感情这一点却还没有被人类普遍接受。

我的德国同事金特·布洛赫给我讲过一个例子，他想向我证明：狼不仅会悲伤，还会死于哀思——贝蒂（Betty）和斯托尼（Stoney）是卡斯克德（Cascade）狼群的大家长。这个狼群一共有18只狼，生活在加拿大的班夫国家公园内。头狼夫妻已经领导狼群八年了，对待家庭成员态度平和，处事运筹帷幄，十分引人注目。但是，在某一个秋天，贝蒂被发现死于一头鹿的尸体旁，死因不详，而且瘦得只剩下皮包骨头了。实验室尸检的结果显示：贝蒂的免疫系统严重受损；肋骨曾有多处骨折，但这些旧伤都已痊愈。随着雌性头狼去世，一代"王朝"开始走向没落。14天以后，人们发现了雄性头狼斯托尼的尸体。尸体盘缩在一处洼地，与贝蒂的死亡地点仅有几千米远。实验室再次进行了仔细的尸检，报告证明斯托尼身体状况良好，没有遭受过致命伤害。这只强壮公狼的死因成了不解之谜。不过，加拿大生物学家保罗·C.帕奎特的解释却语出惊人：斯托尼死因极有可能是它与爱人的亲密关系。这对头狼夫妻亲密生活了八年，共同养育了那么多后代，所以在爱妻去世后，老公狼也不愿孤独苟活于世，最终心碎而死。

看到这样的实例后，人类还能再否认像狼这样具有极高社会性的动物没有爱、没有关怀、没有忠诚这样的情感吗？是时候改变我们自己的想法了！

动物也会思念自己的伴侣。活着的时候，它们亲密无间，互相照顾。如果有一方去世，另一方甚至会悲伤地追随而去。这种感情我们不用研究透彻，就能感受得到，就像在爱人或爱宠离我们而去时所感受到的悲伤一样。只有在时间的帮助下，慢慢适应了那种永远失去的感受，生活才能继续。

作为观察员，我每天都在观看野狼的生活。如果它们被同类杀死，我虽然会感到伤心，但是我可以理解，因为这是生命的自然过程。可是，对于 She 被射杀的事情，我却久久无法释怀。

2012 年春天，美国政府废除了对野狼的物种保护令，蒙大拿州和怀俄明州相继允许狩猎。2012 年 12 月 6 日，就发生了 She 在黄石公园境外被射杀的事件，而拉马尔狼群的这只雌性头狼是被猎人下饵引诱出公园保护区的。在前面的章节里，我提到过这件事在当地引起了极大的不满，特别是那些喜爱 She 的朋友，他们从世界各地发起抗议，呼吁禁止在保护区边界处狩猎。

自从政府取消对野狼的物种保护令开始，我就害怕听到不幸的消息。曾经我认为，猎人们不会射杀带着项圈的狼，因为他们知道，那些狼是科学项目的研究对象。但是我高估了那些人，他们不喜欢狼、憎恨狼。仅 2012 年冬天，就有 12 只保护区的狼被射杀。有的猎人甚至利用网络发射项圈频率，引诱并有目标地射杀野狼。社交网络上频频出现仇视野狼的言论，诸如"狼皮最适合做床前地毯"等，这样的话让我十分难过。他们的做法不仅是对野狼的仇视，还是公然与我们这些喜爱狼的朋友为敌。后来，也一再有报道说有狼被射杀或是因为捕兽夹致死。就像人们放出了瓶子里的魔鬼一样，整件事情变得一发不可收拾。

野狼并不伤人，我们这些爱狼的人一直在努力地保护它们。可是，那些对它们的狂恨却比我们的爱更加强烈。

我们该如何应对发生在自己以及所爱之人、之物身上的不幸呢？我之前的生活顺遂，虽然也经历过失去爱人或宠物的痛苦，但是我从没有直面过这样赤裸裸的仇恨。

我知道，有些人的确不喜欢狼。我们这些天天与狼"共舞"的人和他们打交道的时候，难免会产生一些矛盾，这也是我们工作和生活的一部分，这一点我可以忍受。但是，如果有人以射杀无辜动物为乐趣，并且毫无顾忌地伤害他人的感情，这就超出了我忍耐的限度。我不知道，自己会被这样的人和事逼成什么样。

She 是我最喜爱的头狼之一，它独立的个性令人印象深刻。初闻噩耗时，我人还在德国。这个消息于我而言就如晴天霹雳，因为在我的观察岁月里，She 陪伴了我多年，它在我心中占据的何止是小小一隅啊！

这件事令我久久无法释怀。我不想再看到有狼死去，不想再被无能为力和对猎手的愤怒所裹挟。所以，我选择了逃避。有一段时间里，我不再查阅项目组每日发来的邮件，因为害怕再听到不好的消息。以往面对失去的方式，这次却不起作用了。

我观察过一只雌性头狼，它在失去了多年的伴侣后，毅然留下九个月大的幼狼，选择独自离开领地。它向西奔袭数千千米，最后进入无线定位盲区，彻底失去了踪迹，直到某一天再次现身之前，它都一直在花时间哀悼。我想，我也需要时间。

以前失去身边至亲的时候，我会选择马上回到黄石公园，因为那片荒野可以治愈我，给予我慰藉。在那神奇的土地上，我觉得自己已经与它融为一体，再也不会感到孤单了。但是这次，这个方法失效了，我无法回到黄石公园，曾经安详的土地无法再次抚平我的哀伤，因为那里充斥着伤痛、灾难、死亡，还有猎人。所以，我选择远离，远离那里的一切。可是心中的悲痛又该如何逃离呢？

也许你会问，我只不过是远远地观察了这只野狼，为什么它的逝去会给我如此大的打击。

不单我，其实其他所有的观察员都会和被观察的野生动物建立起情感联系。我们长时间窥视着它们的生活，从简单的了解到日久生情，人类会随着关系的加深而产生移情现象，我和 She 之间就是这样。我会把自己想象成它，一只独立自主的雌性头狼。正因为如此，它的逝去对我的打击更加严重，还有那些引诱、杀死 She 的卑劣手段，也让我无法释怀。

一时间，我脑海中充满了疑问，找不到任何答案，我甚至开始质疑生活的意义。几十年来，我一直在教育野狼，让它们相信，人类在保护它们以及它们的生存环境。难道我所做的一切都是徒劳的吗？我所做的事情既没有产生什么影响，也没有改变什么；抑或是不论我做什么，到最后都是无用的。

对于 She 的逝去，我哀伤之余，还出离地愤怒。可是，愤怒无法让我释怀，也不是长久之计。突然间，我开始害怕回到黄石公园，害怕会和某只狼产生感情，害怕会再次面临失去。She 的逝去不仅使得拉马尔狼群分崩离析，还完完全全地击垮了我。我不知道，心中的愤怒何时才能消弭。

回想几年前，纽约曾经发生的一起恶性事件，一名年轻女性遭到六名男子残忍地强暴和殴打。当时凶手以为她死了，就把她丢在原地，逃跑了。但是，这名女子却活了下来，并在后来的审判中表示愿意宽恕凶手。她当时的话震惊了法官："这些人对我犯下了可怕的罪行，毁了我美好的生活。但是，如果我一直为此愤怒、耿耿于怀，岂不是等于允许他们继续摧毁我接下来的人生？所以，我选择宽恕，好让自己得到解脱。"

这段振聋发聩的话令我终生难忘。就在我因为 She 而对猎人产生愤怒情绪，并无法释怀的时候，我想起了那名女子的话。难道我也要一直愤怒下去，让别人的行为影响我的自控力、左右我将来的人生吗？我觉得，在这一点上，我要向狼学习学习。

我应该学学狼的做法。当身边发生不幸的时候，它们会悲伤、哀嚎，偶尔也会有狼因为孤独，选择追随伴侣而去。但是，没有一只野狼会质疑自己生活的意义。

想明白这些，我渐渐找回了自己内心的平和。She 活着的时候，一直都是一名出色的女战士，它从不轻言放弃。如果现在把它换作我，它会继续狩猎、生活、爱下去。所以，我也要像它一样，继续我的观察，向人们讲述野狼的故事。也许有一天，我所做的这些事可以阻止人类对狼的杀戮。

经过一年的调整，我终于重返黄石公园。虽然我还是会感到伤心，觉得那里到处都有 She 的身影。但是，对大自然和其他野生动物的专注又一次帮助了我：美洲野牛这一年的数量比往年要多；因为少了不少竞争对手，郊狼的猎物也多了不少；还有河狸、白头海雕、大角羊……它们不仅帮助我忘记了悲伤，还为我指明了继续生活的方向。

一天傍晚，太阳即将落山的时候，我坐在一块岩石上，想着用望远镜察看一下山谷。我听到远处的郊狼在兴奋地狂吠，还看到一群美洲野牛吃着草从前面走过。突然，我察觉到斜后方有动静。我没有采取行动，只是静静地等待。然后，一只灰褐色的母狼慢慢地出现在我的视野里。它的注意力完全集中在一头新生的小牛犊身上。为了不破坏这场景，我尽力屏住呼吸。直到距离我大概三米远的位置时，母狼才意识到我的存在。它站住，盯着我看。不对，它的目光好像掠过我，看向了别处，我好像并不值得它关注。我想，这样的忽视真是让人喜忧参半，对于它来说，我一点威胁也构不成吗？它是不是还会嘲笑我吓得瞪眼睛的傻样子？

总之，对于母狼来说，我的存在显然毫无意义。它根本不关心我是害怕它，还是想拥抱它。我只是它周遭环境中的一部分——既不能吃，又无足轻重。

然后，我想起自己见过这个"姑娘"——在它妈妈的身旁。那是两年前的一天，我和几个朋友站在山上，用望远镜搜寻狼的踪影。"小心后面！"一个朋友突然悄声说道。我们小心翼翼地转过身，看到 She 就站在那里。我们几个人在山谷里搜寻它踪影的时候，它也正围着我们跑弧线，以鉴定我们是否值得它兴奋一下。

而此时此刻，站在我面前的正是 She 的女儿，因为我熟悉这目光，熟悉这种对人类的态度。于是，这么长时间以来，我第一次真正地感到平和与安乐重归于心。

狼是会悲伤的，每当家人走失的时候，它们会狂躁不安、呼唤寻找；每当亲人去世的时候，它们会呜咽哀嚎，声声悲鸣。但是，只要给它们时间，它们会释怀悲痛，站起来，重新开始生活。它们会遵循生命的节奏，去狩猎、进食、繁衍后代、关爱家人，就像大自然中的其他物种一样，努力地活在当下。可惜人类仿佛丧失了这种能力，总是喜欢缅怀昨天、思考明天，却不敢直面今天。所以，我们真应该驻足好好地去观察一下动物们，让它们教教我们如何活在当下。把自己当作野狼就行了，学习它们，和它们一起成长。

因为野狼可以预见自己的死亡，它们会在大限来临之前选择离开狼群。但每当这个时候，我们这些观察者却依然会跟在它们身后，因为我们舍不得。人类之所以总是会感慨失去，无法承受留白，正是因为我们生活的这个世界一直在教导我们，要争取得到一切，要抓住身边的所有。而黄石公园的野狼却教会我，去接受和适应自己无法改变的事实，去珍惜和尽情享受生命中的每一个时刻，因为每一天都是全新的一天。

树木是大地写上天空中的诗。我们把它们砍下造纸，让我们可以把我们的空洞记录下来。

纪·哈·纪伯伦（Khalil Gibran）
黎巴嫩作家、诗人、画家

生物圈的奥秘

是谁拯救了世界？

秋季是拉马尔山谷一年之中最美丽的季节。连绵的群山被金黄色的白杨和血红色的枫树渲染得令人迷醉。第一场雪过后，游客的数量明显减少了。初雪残留在峰顶上，像是被撒上去的糖霜。野牛背上挂着夜里下的白霜，鹿群已经到了求爱季，而野熊正忙着在漫长的冬眠前吃饱肚子。天气晴朗的时候，人们会看到翱翔在空中的白头海雕。

不过，对于狼群而言，秋天是个艰难的季节，幼狼因为还小不能帮助捕猎而成为狼群的负担。秋天里的猎物却正是膘肥体壮的时候，狼群总是要费好大力气狩猎，才能喂饱所有的孩子。狼群越大，此时就越艰难，因为狼群中一些性成熟的狼还会选择在这个时候离开领地，所以秋天也是告别的季节。

一个寒冷的早上，我在日出之前就进入了山谷。停好车后，我降下了还挂着霜的车窗。时值麋鹿交配季，人们总是能听到它们奇怪的叫声，就像是咯吱吱的门响混合着驴叫。那嘶哑的叫声和它们看起来高大的身型极不相配，以至于当游客们第一次听到这种声音时，总是会下意识地转身，向别处寻找声音的来源。交配时的麋鹿非常好斗，甚至会把汽车当成假想敌进行攻击。因为在既定的时间内完成择偶、竞争、交配所有这些事情，会使麋鹿产生很大的压力，导致它们根本无法分辨出，在自己面前的到底是一只狼、一头灰熊，还是一辆汽车，所以在交配结束的时候，这种体形巨大的鹿往往都会累得精疲力竭，几乎站不住脚。

我从车窗向外看到山谷间有鸟飞起，还有郊狼跑来跑去。原来是狼群夜间猎鹿后，留下了残尸。白头海雕、乌鸦和郊狼正在分享野狼剩下的东西。要不了多久，野熊也会赶过来，索取属于它的那一份。于是，我赶紧下车架好望远镜。虽然狼群已经离开，但我知道剩下的残尸依然会是件很好的"教具"，向我们展示大自然不会浪费一丁点食物。

在接下来的几个小时里，"餐桌"旁先后出现了六只郊狼、两只白头海雕、一只金雕和一头灰熊，当然还有数不清的乌鸦和喜鹊，它们在争夺碎肉。

据我所知，黄石公园内还有450种以尸体为食物的甲虫。其中有50多种以狼群的猎物为食。另外，还有一些甲虫除了吃尸体，也吃其他甲虫。所以，每个动物的尸体上肯定还存在着一个由各类甲虫构成的"微世界"。

最后，动物尸体所在的地方只会剩下变了色的骨头，而这一切的过程只需要几个月、几个星期，甚至几天的时间。另外，尸体下面的土壤也会比其他地方富含 100%~600% 的氮、磷、钾元素。而像驼鹿这样的动物就爱吃氮含量高的植物，它们排出的尿液和粪便则会让土地更加肥沃，因此动物尸体所在的地方还会多生菌菇。

其实，人类对于自然界的内在联系了解得并不多，而我有幸因为长期观察野狼，才渐渐明白了这种联系并不局限于单个物种之间，而是存在于所有物种之间。

生态系统是一个整体。它像一张精细而敏感的网，所有动植物物种，包括人类在内，都有自己的位置，少了其中任何一个，这个系统就像缺了一块的拼图，无法成形。野狼在这其中是非常重要的一个物种，它们在消失 70 年后重返黄石公园，这里的一切也都随之发生了改变。

野狼的回归使黄石公园的生物圈重新洗牌，不仅许多物种的存活迎来了新的规则，连国家公园内的环境结构也发生了改变，这些影响就是生物学家所谓的"恐惧生态"。

在野狼重现的最初两年里，黄石公园内的郊狼数量减少了一半。郊狼比野狼个头小，是狼的亲戚，它们被狼看作抢夺食物的对手而被杀，此时，作为郊狼食物的各种啮齿类动物得以大量繁殖，连锁导致鹰、猫头鹰、狐狸、鼬和獾的数量增长。

野狼的回归，还很快引起了灰熊的重视，因为它们知道，只要跟着狼，就有肉吃。灰熊学会在最短的时间内"接管"狼的猎物，这使得越来越多的熊提早从冬眠中醒来，因为即便是在隆冬和早春，狼也会为它们"准备"足够的蛋白质。特别是对于分娩后、饥肠辘辘的母熊来说，野狼猎到的鲜肉是它们最佳的食物和能量来源。

在此期间，被猎食物种的情况也发生了一些改变，例如，叉角羚把自己的分娩地迁到了狼穴附近。人们难以理解，这样令人吃惊的变化真的是野狼回归导致的吗？它们这不是自寻死路吗？真实情况恰恰相反：每年，新出生的小羚羊都是郊狼的"时令大餐"，郊狼虽然动作很敏捷，但狩猎成年羚羊依然要耗费大量力气，所以狡猾的郊狼会将刚刚出生、还不会跑的小羚羊选作猎食目标，趁机猎杀它们。在野狼回归之前，羚羊妈妈唯一的解决方法就是藏在树丛里分娩。但今天我们知道了，叉羚羊成活率最高的分娩地是在狼穴附近，这是因为叉羚羊跑得太快，狼很少去猎杀它们，而郊狼又视野狼为瘟疫避之唯恐不及，所以这些聪明的食草动物（叉角羚）就为自己的宝宝挑选了最安全的出生地——狼穴附近。这是多么神奇的改变啊！当然，这一改变也充分证明，野生动物具有超强的适应力和创造力。

毫无疑问，野狼的回归对黄石公园里的动物产生了影响，但是它们是否也影响了当地的地貌和植被，科学家对此还存有争议。几十年来，人们讨论最多的是公园北区的草场和白杨。这些植被多生长于河岸附近，是麋鹿喜欢的食物。在野狼出现之前，那里的草场鲜少能高过一米。特别是在春天，鹿群不会留给嫩草和幼树长大的机会。而河岸的植被不够高大，就无法成荫，鳟鱼和鸟类也因此失去了赖以生存的环境。

不过，麋鹿的好日子在野狼出现后就一去不复返了。鹿群改变了进食习惯，不再逗留在岸边，而是多待在山谷，人们猜测可能是由于在开阔地带鹿群更容易发现狼群的行动。但是不管原因如何，岸边的植被却因此得以休养生息，之后草木成荫，鸣禽的数量增加了，鳟鱼在树荫下清凉的河水里游弋，人们甚至还看见了久违的河狸。至少从理论上来讲，我们认为这些改变是野狼带来的。如果说得再夸张一些，是野狼拯救了当地的植被和动物，使生态系统得以恢复，就像俄罗斯人的那句谚语说得一样：有狼的地方，就有森林。我们应该对野狼高呼"万岁"。

可惜生态系统的复杂性远远超出了我们的认知，实际情况并非如此简单，2010年发表的一项研究报告陈述了事情的真相：狼的确不是救世主。报告里特别指出，鹿群不再驻足河边并不是因为害怕被野狼猎杀。麋鹿体形巨大，蹄子也极具杀伤力，实际上狼要猎杀成年麋鹿是非常困难的。此外，鹿群也为个体的生存提供了保障，使它们能够快速察觉猎手的接近。

那么，到底是什么改善了那里的环境呢？

是时候让我们的河狸出场了，它们才是这出"草长莺飞"大戏里面的关键角色。大家知道，河狸吃嫩树皮，用树枝搭建堤坝。堤坝会阻挡水流的去路形成池塘、湖泊，从而为周围植被的生长提供充足的水分。在野狼回归前，数量庞大的麋鹿吃光了河边的植被，导致河狸无法在那里生存，是野狼和河狸的双缺失造成了那里生态环境的恶化。

所以使河边环境有所改善的最终原因，并不是麋鹿的饮食行为，而是它们的数量减少了。当然这种减少也不都是野狼的功劳，还有大环境下的气候变化、当地常年干旱、遭到饥饿的灰熊扑杀等原因。除此之外，要担责的还有人类，目前在国家公园边界附近被猎杀的麋鹿数量已经达到了上千头。

到底哪些物种会对生态系统产生最严重的影响呢，是处在食物链高端的物种，还是处在末端的物种？对于这个问题，科学家如今依然在争论。但是，为了弄清楚大自然的一切，人类在观察时必须连最微小的生物都不要放过。不过，人类至今还没能足够地重视起这些微小生物对生态系统的影响，就像专家一直在研究是不是野鹿或野牛的食草行为导致了黄石公园地貌的持续变化，但却没有人注意到蝗虫对这一方面的影响。有几年，大量蝗虫入侵黄石公园，它们的数量可是全部食草动物的两倍之多啊！

在学术界，人们已经普遍认同大自然自上而下的反应要比自下而上的更为明显。狼的回归就很好地证明了这一点，它们作为处在食物链上级的猎食者，在70年后重返昔日的家园，对生态系统的结构和循环产生了重大的影响，使黄石公园重新拥有了完整的大型食肉动物种群族谱，这其中包括灰熊、黑熊、山狮、野狼和郊狼。

这一鲜明改变的后续影响还将持续下去。在接下来的几十年中，生态系统都会不断调整，以适应这种短时间内发生的极端改变，大自然才能渐渐地稳定下来。虽然我们十分期待，但却无法预知结果，因为还有太多的未知因素，气候变化（冬天极寒、夏天干燥）、火灾或疾病等都会使情况再次发生改变。但无论如何，野狼都会作为适应能力极强的物种，在稳定生态系统的过程中发挥自己的作用。

虽然人类总是希望大自然能够对于我们介入的行为做出迅速的反应，就好比在促成物种回归后，希望生态系统马上可以按部就班地循环起来。事实是，大自然总会打乱我们的"完美计算"，因为这期间总有预料不到的情况发生，有时甚至会发生倒退的现象。

但毋庸置疑的是，野狼的回归的确使生态系统有所恢复，不过它们的回归不可能彻底拯救已经被人类肆虐了上千年的大自然。我们应该知道，修复生态系统远比保持它难得多，这不仅需要人们彻底改变思想上的认识，也许还需要有奇迹的发生，特别是在某些重要物种已经"消失"了之后。

在黄石公园，大自然的神奇无处不在，每个人都能亲眼见证。以前的我也和很多人一样只痴迷于狼，把注意力只集中在这些大型猎食动物身上。但是，事情慢慢地变得不一样了：我在野外等待狼群出现的时候，开始注意到从我身旁踱过的野牛群；我看到了抓老鼠的狐狸、疾速爬上树的貂；还有活泼的土拨鼠探出地洞张望，在突然发现我后，马上发出尖利的示警声；我观察着刚出生的幼鹿，它们躲在母亲身后，像踩高跷似的用瘦弱的四条腿学走路；我看到捡树枝筑坝的河狸，惊诧于它们比想象中还要大的体态。黄石公园里竟然有这么多物种，我自己都觉得难以置信。不仅如此，这里美丽的自然景观也令人叹为观止，有汩汩冒泡的温泉和不定时喷发的间歇泉，它们的声响可比动物们发出的声响还要大；还有夜晚天空中挂着的美丽银河。每当看到这一切，我都不禁要感谢狼群，是它们让我耐心等待，我才有机会领略到大自然的奇迹；是它们赐予了我一双慧眼，帮助我发现了大自然的美妙。我所看到的动物和植物，在没有人类的干扰下彼此和谐共处，从中我感受到的只有平和与幸福。

人类是如此渺小，只是大自然的一分子。我们应该将自然视作自己最重要的东西，如果继续像以前那样生活，那我们所毁灭的将不仅仅是气候、资源，还有我们自己。可惜大自然的舞台并不会因为人类的消失而闭幕，它会悄然迎接新的物种诞生，继续书写生命的篇章。野狼作为生态系统中重要的一员时刻都在提醒我们，人与狼是生活在同一空间里的两个物种，同呼吸共命运。

浩瀚宇宙，茫茫天际，警示神圣的存在。仰望上苍，雄鹰盘旋，谁的心灵不会为之震撼。

米歇尔·伊利亚德（Mircea Eliade）
罗马尼亚宗教学家、哲学家

治愈系的精灵

狼带给我们的那些慰藉

初春，猛犸温泉至老忠实间歇泉的道路开放的第一天，我一早就踏上了诺里斯间歇泉盆地（Norris-Geysir-Becken），这里是我最喜欢的一个地方。在这里，你会感觉距离大地母亲的腹地更近，因为此处的地壳厚度仅有 5 千米，而通常的地壳厚度是 50 千米。作为休眠火山群，黄石仍具有火山活动的能力，诺里斯间歇泉盆地则是黄石公园内温度最高的区域，在这里冰与火共存。受地质周期影响，此处喷泉有的蛰伏休眠、偶有喷发，有的则会在毫无征兆的情况下急剧喷发。在这里，人们可以感受到茫茫宇宙了无尽头。

星罗棋布的热泉蒸汽如烟升腾，我在雾气缭绕中的树墩上就座。穿流在冰冷雪地中的河溪上空弥漫着袅袅水汽，这些地热河显得与周遭的极地气候极不协调，富含矿物质的河水色彩斑斓，来时的小路在阳光的闪烁中若隐若现。这时，我听到远处传来阵阵清啸，那声音突然上扬转而变成欢快的笑声，如同女歌手哼唱的愉悦曲调。是狼！我的荒野老友，它们正在诵唱晨曲，向太阳致敬。

接下来，我听到身后有动静——这声音发自强有力的喉咙，低沉、淳朴而悠长。我慢动作般地转过身体，看到一只浅灰色的狼站在距我约五米远的地方，它在凝视着我。看到花环般的颈毛，我判断这只狼的年龄并不大。出于对我的好奇，它的耳朵向前竖起，但微微垂在半高位置的尾巴却说明它也在警惕我。我不想破坏这个美好的瞬间，便决定放弃拍摄，轻轻地把摄像机放置在侧，屏息之间我听到了自己的心跳声。

我与它四目相对，相互注视，分秒间便凝固成了永恒。突然，一只鸟从我身旁飞起，把我吓了一跳，也把狼嗥得一跃而起，转身跑掉。后来，我在原地又坐了很久，细细回味刚才那仿若永恒的一瞬间。

几个小时以后，我才再次站在拉马尔山谷的路边观察德鲁伊狼群。这时，一辆满载着年轻人的黄色校车驶入停车区。我和经验老到的观察者们交流了一下目光，以过往的经验来看，这么多年轻人的到来意味着这里将会变得嘈杂、混乱和无序，精力旺盛的他们会吓跑我们的狼。然而，这次我们错了。司机打开车门，老师和同学们都安静有序地下车，等他们在旁边站定后，我们向他们概括性地介绍了要观察的狼群。

"这是真的狼吗？"两个戴着鼻环、瘦弱年轻的女孩问道。天气寒冷，只穿着薄夹克的她们冻得直发抖。

"是的，想看吗？"我把观测镜对准狼群，让学生们一个接一个地来观看正在玩耍的德鲁伊狼群。

"哇！"

"酷！"

"这简直太……太……太美了！"其中一个女孩激动地感叹道。

"活生生的狼啊！"

少年们惊叹不已。接下来群狼开始嗥叫合唱，这让年轻人们更加着迷，他们一个个张着嘴，沉醉在神曲之中。

"他们第一次看到真的野狼。"老师微笑着说道，并感谢我们让同学们用观测镜看狼。当学生们向我们挥手辞别的时候，我不仅为自己对他们的偏见而感到羞愧，还感慨自己仍然不够谦逊啊！

近距离邂逅单只野狼的经历，我一共有过两次，虽然两次的境况不同，但我感受到的那份神奇却始终如一：当人类与它们狭路相逢的时候，遭遇的往往不是死亡，而是灵魂深处的柔软撞击。

那些世居民族恐怕早就明白了这一点。记得在明尼苏达州荒野生活的那一年，我住在小木屋里，无水无电，周围总有狼、熊出没。那块地方毗邻欧吉布瓦印第安人（Ojibwa Indians）生活的地界。有一天，我在森林散步的时候遇到了欧吉布瓦的巫医"大狼"（big Wolf），亨利·斯莫尔伍德（Henry Smallwood）。他留着克拉克·盖博式的花白胡须，稀疏的头发一绺一绺的，一副老式金属眼镜架在鼻梁上，与他圆圆的脸浑然一体。亨利对我说，就出身而言，他们与狼并没有什么分别。"狼懂得很多，教会我们谦卑、顺从。伟大的造物主创造了生物圈，宇宙万物都在这个圆里拥有其位置，并在

171

这个闭环里运转，像人类，从孩提直到死亡，像星星、月亮、太阳、地球、四季等，一切都是圆的。"巫医指着他自己，开着玩笑，"瞧，我也是圆的。"的确，Polo 衫紧紧地绷着他那圆圆的肚子，甚至连外套都拉不上拉链。

亨利继续说道："在我们这儿，有一条规矩：狼是人类的兄弟。如果没有这些动物，我们也无法存活。我们要对狼负责，要举办庆典为它们唱诵，给予它们荣耀。"

许多世居民族都很看重狼，他们认为自己和狼在灵魂上具有亲缘关系。人们在举办仪式的时候，会身着狼皮，敬祭狼神。

对于欧吉布瓦人来说，狼更是他们的一剂良方，野狼的回归为他们重新带来了生活的平衡。

其实，我们这些生活在城市里的人又何尝不在渴望和谐的环境？人们不是都喜欢穿着印有狼图案的 T 恤衫或狼爪图标的户外服，开着大排气量的越野车去上班吗？我们喜欢穿上或者开着这些代表荒野的东西，是觉得这么做就可以召唤荒野。对于人类来说，自然和荒野已经变得太陌生了。在当今的高科技时代，人们再也无法感受大自然的昏暗与静寂，之所以穿成这样或开这样的车，不正是人们下意识地伤怀吗？

而对于欧吉布瓦人在内的很多人来说，狼、熊、山猫才是荒野的代表。他们认为如果缺少了狼的身影，那一处的风景就不再完整。他们渴望见到野狼，即便是在这个数码时代，他们也要看到真的野狼，因为它们才代表着生死轮回，代表着人与动物之间不存在阻隔的、真正的大自然。

现在已经鲜有能够让人们感受到真正的大自然的地方了，而黄石恰好是其中之一。这处未经人工雕琢的国家公园占地约 9 000 平方千米，园区内只有一条路，呈"8"字形蜿蜒迂回，将园区内各景点和酒店都串联在一起。如果谁觉得这样还不够的话，那么就请把车停在一旁，选择好线路徒步进入园区腹地吧！不过特别提示一下，那里可是真正的荒野，千万不要忘记带上防熊喷雾！

远古时代的人们就已经学会选择进入大自然，在其中思索问题、寻求答案和认识自我了，所以我也选择徒步穿行在亚利桑那州的大峡谷（Grand Canyon）中，摆渡于明尼苏达州的各条分界河上，去欣赏阿拉斯加的极光，观看黄石公园的狼群，在大自然的怀抱中休养生息，感知地球呈现出来的美好、庄严与古老。敢于投入大自然臂弯的人都是胜利者，因为荒野是危险的，人类很容易受到伤害。就像我在明尼苏达州住的小木屋距离最近的城市有 30 千米远，汽车只能停放在 8 千米外的路边，从小木屋过去只有一条可以步行的羊肠小道。那里既没有电话、网络，也没有无线通信设备。万一我劈柴的时候，不小心用斧子砍到了大腿，那我就只能等着流血而亡了。想豪饮大自然的这份孤独，就要承担相应的风险，荒野不适合懦夫，它如同一位残酷的高手，击倒那些行事草率、没有经验的人。其实，真正在大自然中成长的人是很少去寻求冒险的，而那些甘愿将自己置身于危险之中的人，多数都是由于精神层面的原因，我在海登（Hayden）谷地遇到的罗伯特·斯坦利（Robert Stanley），就属于这种情况。

来黄石公园的游客有两种：一种是来看热泉的，顺便带回家一些灰熊或野狼的纪念品，以便回去后有谈资；另一种则是来寻求刺激的，这一点从他们观察狼时的眼神就能看出来，罗伯特就是这样的人。我俩并肩，在停车湾默不作声地站了很久，全神贯注地观察着由白色雌性头狼带领的峡谷（Canyon）狼群。罗伯特似乎并不在乎其他游客的存在，他只是专注于狼群。当人们尾随狼群前行的时候，罗伯特开始和我聊天，他向我讲述了他那令人惊奇的人生故事以及狼对他的救命之恩：

那是在 1969 年的 6 月，罗伯特作为美国陆军特种部队的一名下士随部队驻扎在越南北部，那时候，他已经连续参战了 18 个月。

"我觉得自己好像真的明白了什么是'地狱'和'炼狱般的'生活。"罗伯特说。在被炸成重伤后，他获得了一次迟来的康复假。

"当时我想尽可能地与人隔绝。"罗伯特只带了最基本的生活用品，就来到了阿拉斯加的费尔班克斯（Fairbanks）。在那里，他租了一辆车前往东部，在一处僻静的地方搭帐宿营。在最初的几周里，除了个别动物以及动物的足迹外，罗伯特几乎没有看见任何东西，他听到过狼嗥，但并没有看见过狼。

"我根本不害怕，因为我经历过最惨无人道的残暴。那时候，我甚至希望自己可以死掉，因为无法再忍受那种令人憎恶、充满恐惧的生活了。在一个月光如水的夜晚，我面向苍穹，发出绝望的呐喊，恳求高高在上的人，不管是上帝、真主，还是喇嘛、神佛，抑或是其他什么人，我恳请他们回答那些我百思不得其解的问题。就在那个深夜，我再次听到了野狼的长啸，那声音听起来如同神灵的呼唤。那是我唯一一次听到如此孤寂的哀嚎，就像我自己的灵魂在呼叫。我不禁去想，你究竟是谁，这世上为什么会有那么多令我们落泪的事情？"随后，疲惫不堪的罗伯特睡了过去。

峡谷狼群中的白色雌性头狼

　　第二天一早，罗伯特看见了一只白色的北极狼，狼站在不远处注视着他，但罗伯特并没有感觉到任何威胁。在接下来的几天中，这只狼总是出现在同一地点。随着时间的推移，它离罗伯特的距离越来越近，罗伯特甚至可以清楚地看出那是一只年轻的雌狼。某天夜里，这只狼在距罗伯特只有几米远的地方蹲坐下来。几天后，它站到了罗伯特面前，低垂着头，尾巴夹在两股间。

　　"我伸出手，抚摸着白色女神。它是我的守护天使，我需要它。是它将我带回到原本的生活状态中，挽救了我的性命，阻止了我入魔般的疯狂。"

　　这个当时经历了战争惨痛折磨的男人就站在我身边，诉说着一只北极狼带给他的希望与新生。而罗伯特的经历也恰好向我们证明了：狼的确具有治愈心灵创伤的能力。

洛克伍德动物救援中心（Lockwood Animal Rescue Center，LARC）位于加利福尼亚州的弗雷泽（Frazier）公园，距旧金山一个半小时左右的车程。该中心占地约12平方千米，在这里生活着因受伤、驱逐、虐待或杂交而被救助的狼，救助人叫马修·西蒙斯（Matthew Simmons）。马修·西蒙斯曾经是一位导航兵，他的救援中心为患有创伤后应激障碍（PTSD）的退役军人提供一个服务项目：军人们可以在救援中心工作，通过给狼喂食、打扫狼舍等，和狼建立良好的关系，并重新学会信任。

战后退役军人的痛苦常常被美国社会所隐瞒，他们因此得不到应有的帮助。为了忘却痛苦的经历，他们有人选择去看心理医生，参加PTSD讨论，也有人沉迷于吸毒，这些人的自杀率高达22人/天。LARC的项目可能是他们最后的机会了，因此排队等待的名单总是很长。

"这些士兵和那些狼有着相同的命运。"马修·西蒙斯说，"他们都遭受过残暴的对待，需要重新学会信任。"

"如果你去某个地方，而那个地方的人都想着要杀死你，这种情况一定会让你变个样。"在关于救援中心的纪录片《我们之间的战争》（The War in Between）中，一位退役军人这样说道。

受过创伤的人和狼需要较长的时间来建立信任关系，可能得几个月。在大多数情况下，是狼为自己挑选出它的那个人，所以这是一堂所有参与者都需要修习的课程——关于耐心与接受。

"我放任一些事情，那些要被逼疯的压力反而变小了。"一位退役士兵说，"我喂狼、打扫狼舍，我不会让狼做它们不想做的事情，因为它们不是狗。"

这些受过虐待的狼和战后退役军人通过重塑信任建立了良好的关系，也因此治愈了彼此。

另外一个关于野狼具有神奇治愈力的故事，来自生物学家古德·普夫吕格（Gudrun Pflüger）写的书《狼的精神》[*]。

加拿大的原住民——第一民族（First Nations），认为狼是连接时空的物种，当它出现在我们面前时，一定是有事情要告知我们。古德·普夫吕格在加拿大近距离邂逅过狼。这次相遇用影片记录了下来，在影片中，我们看到野狼嗅闻躺在草地上的女生物学家。当时，她患上了一种极具伤害性的脑瘤疾病，然而她自己却并不知情。在旅程结束后，古德·普夫吕格才得知自己的疾病。因此她确信，狼的行为是在给予她力量和抵抗力，以伴她度过漫长的患病期。

所以，即便在癌症治疗最艰难的阶段，古德·普夫吕格都没有想过放弃，因为她想再见到自己那些四条腿的狼朋友。

在生物学上，我们无法解释野狼能闻出女生物学家身体失调的原因（还记得狼园里的野牛吗？就是在遭遇群狼攻击后一周被确诊患上肺炎的那头野牛），不过原因在这里并不重要，重要的是古德·普夫吕格与治愈她心理的动物之间产生的关联。

其实，对这种治愈的感觉，我也深有体会。每当身边有死亡或

---

[*]   Pflüger，Gudrun: *Wolfspirit. Meine Geschichte von Wölfen und Wundern.* München 2014.

悲伤的事情发生，我都会去黄石的荒野寻求慰藉。在那里我可以抚摩五千万年的古树化石，在那里我脚下沸腾着灼热的火山岩浆，在那里我感到自己渺小得微不足道，在那里我认识到自己只是一个个体，是整个大自然不可或缺的一小部分。这使我在内心深处平静下来。

为什么我们要从自然中寻求慰藉？为什么看见、听见、闻到或者感知到动物会令我们欢喜？为什么欣赏一棵树或者嗅闻一朵花会令我们平和？为什么凝视湍急的河流或者眺望平静的湖面会令我们豁达？

因为在大自然中我们从来都不是独自一人，在大自然中我们从不会感到孤单。就像我每次坐在自己最钟爱的山丘上眺望拉马尔山谷的时候，那里的美景奇观都会令我窒息，那种极致的美丽，每一瞬间都是一帧永恒的画面。

人们需要去荒野获得体验，从而更懂得家的含义，感知它的生机与活力。

我在黄石公园做导游的时候，带领游客们去观狼，我觉得在游客听见狼的嗥叫或者与狼对望的那一瞬间，往往会有神秘的事情发生在他们身上，那可能是某些熟悉的、所有人都曾经拥有但又被遗失的东西；还可能是某些我们害怕却又一直渴望去触及的东西。

和野狼或其他野生动物在一起的时候，人们会对当下有强烈的感受。人们在它们面前不是曾经或未来的样子，也不是凭借银行账户或社会地位所呈现出来的样子，而只是当下最真实的样子。动物的眼神会直击内心，穿过外在的伪装看到真正的我们：好斗、胆小、不自信、幸福、从容……狼就是具有这样的能力，发现我们隐藏的情绪。对于它们来说，我们是透明的、赤裸的。

并非所有人都有机会隐居荒野与狼共处。但是如果有意愿，所有人都可以学习狼的智慧，并在心中与狼神交，这是我在一次集会活动中感受到的。

也许你会认为我在胡说八道、蛊惑人心，即便有被这样误会的可能，我仍然想给你讲讲那次令我印象深刻的经历：

2008 年秋天，我收到去巴伐利亚州参加周末集会活动的邀请。在活动中，参加者学习将狼的力量和知识实践于自己的生活。威尔里·雷根斯布格尔（Willee Regensbuger）负责主持本次活动。威尔里生活在基姆湖畔，他的老师是拉科塔族（Lakota）的精神导师，拉科塔族就生活在南达科他州（South Nakota）的松树岭保护区。

我的任务一方面是介绍狼，另一方面是讲述参加者们的体验，从这个角度来说好像是人与狼之间的一个翻译。

我承认，在开始的时候，我确实对他们的这种仪式持怀疑态度。我并不是个没有接触过神秘事情的新手。20 世纪 80 年代，我在新墨西哥州圣达菲生活过三年，那里可是当时美国各种精神力量活动的中心城市。然而，这次的仪式活动还真为我带来了全新的认知，让我把参加者们在活动中的经历感受与我通晓的狼的经验及知识对应上了。

在威尔里的引领下，参加者们用三天的时间完成了通往精神图腾的"修行之旅"，仪式环节包括击鼓、舞蹈、嗥叫，以及制作石膏狼面具等。

其中有一项任务是关于狼的食物和猎杀的。伴随着满屋子的鼓声，所有人都进入冥想状态，并开始自己的"修行之旅"。在冥想中，人们像狼一样行动、猎杀。直到现在，每每回想起他们对自己经历的描述，我仍会浑身起鸡皮疙瘩。伊丽莎白是来自阿尔高（Allgäu）的一位农妇，她只在动物园里见过活的狼，但她却非常详尽地描述了自己在冥想中作为一只饥饿的狼猎杀一头母鹿的过程：

"我跑啊跑啊，不管身边发生了什么。那头鹿踩踏我，我感觉不到疼，除了饥饿和杀死它的欲望之外，任何事情对于我来说都无所谓。我紧紧咬住那个家伙的咽喉，鲜血的味道袭满全身。这个家伙一倒在草地上，我就撕下它的一块肉。终于，我吃饱了。"

其他参加者的描述也和野狼的生活惊人地相似。他们描述的内容不是动物园里圈养的狼所能表现出的。在动物园，狼是得不到活的猎物的。只有在荒野上才能看到狼的猎杀，而且只有专业人士才能清楚地了解那些细节。然而，这一切现在被参加活动的外行们描述得淋漓尽致，我在震惊之余，也不禁被深深地吸引了。

活动高潮是晚上盛大的狼舞。参加者们戴着自制的狼面具，踏着锣鼓的节拍化身狼群。我是熟悉狼群的诵唱的，而参加者们的声音简直就是真的狼嗥，不像是任何模仿发出的声音。他们就是狼啊！我觉得自己正站在狼群中间，而附近农庄上可怜的农民今晚一定把他们的牛都藏到了圈棚里去了吧！

这次集会活动使我相信，人类潜在地拥有一切关于狼、其他野生动物以及大自然的知识，且在需要的时候，可以随时运用。就像活动的参加者们，不仅了解了狼，而且与狼感同身受，由此对狼和狼的生活有了更好的理解。

与狼共处，不论是现实中的相遇，还是精神上的神交，都会使人们从内心深处发生改变。狼和荒野不但使我们感受到了每个动物（包括自己）身体内蕴藏的神圣之光，而且促使我们去思考存在与精神层面的问题：我是谁？我为什么在这里？生活的意义何在？

狼并不在乎它们是不是我们的图腾，我们是否会为它们设立祭坛，抑或我们是否憎恨它们，所有这些问题野狼都不感兴趣，包括我们的存在与否，它们也不感兴趣。对于狼而言，我们只是它们生活环境中的一个组成部分而已。

在野狼眼中，我们人类是渺小的、无足轻重的，也许这种态度就是野狼送给我们的最棒的礼物。我们的确在和大自然打交道的时候需要更多的谦卑和虚心，是时候不要太过于看重我们自己了，简单、纯朴一些，这样我们和野狼的关系才会更近一些。

怪物来源于脱离事实的幻想。

弗朗西斯·戈雅（Francis Goya）
西班牙浪漫画派画家

人和狼的关系

爱与恨的复杂交织

　　你是否设想过这样的场景：来自世界各地的一小撮狼围桌而坐，举行会议。它们聪明睿智，受过良好的教育，相当了解臭名昭著的两条腿的人类。狼代表们此行的目的是讨论几千年来狼与人的关系。那么这些狼会说些什么呢？

　　是愤愤然于人类对狼先辈的暴行，嘲笑人类的某些荒谬之谈，还是不齿人类分不清事实和虚幻的那种迷茫？当然，也可能是某位或某些参会狼代表对人类的个别做法表示赞赏，如早先人类对狼族的敬重，人们效仿狼以家庭为单位的群居狩猎生活，等等。它们应该还会讨论到狼在人类那里的受欢迎程度，现在可是有所攀升啊！

　　最后，所有参会代表得出的结论是：由于涉及众多个体及问题本身的多面性，狼与人之间的关系不能一概而论。

　　而我们这些长期集中研究狼的人，得出的又何尝不是同样的结论呢？在人狼关系的问题上，观点庞杂得无从汇总。狼，终究还只是存在于每个观察者眼中。虽然科学向我们描述了它们的样子，但在人们的脑海中，狼却因每个人的文化层次和社会环境不同而被想象成不同的模样。所以，"狼"实际上只是我们对这种动物所思所想的总和。那到底是什么让我们在认识狼（其实不仅仅是狼）之初就举步维艰呢？是偏见。

　　所有人都会有偏见，受偏见的对象不胜枚举，可以是外国人、同性恋、职业女性、富二代……当然也可以是狼。

　　偏见是人类大脑的典型特征，是大脑用于信息加工时节省能量的一种策略。人进行信息解码和编码的速度越快，留给其他思考的能量就越多，对风险做出的反应也就更早一步，所以偏见的形成与事实无关。偏见一旦形成会很难摆脱，因为它能控制对信息的处理并一再自我证实。事实上，在生活中我们需要好的偏见，我们无法对每件事情都逐一做出分析，因此人们在形成认知的时候，需要简化事实情况，进行信息整合。

　　偏见复杂而多样，且很难消除。在对待狼的态度上，人们的偏见往往形成于孩童时代：在小红帽的故事里，小红帽被狼吃掉；在狼和七只小羊的故事中，狼吃掉了小羊。这些童话故事给我们留下的都是凶狠残忍的"恶狼"形象。当然还有媒体的一些负面宣传与报道也加深了人们对狼的消极看法。而对狼的这些偏见使人们很难在维护自身利益和促进物种保护上找到折中之法。

　　我在做报告或者参加会谈的时候，经常强调，在人们心中"恶狼"就是狼的代名词，而这一点的形成却与科学数据无甚关联。被狼杀死的人到底有多少，没有人统计过。据我所知，近50年在欧洲有9人死于狼的袭击：其中5人是因为感染了狂犬病毒；另外4人则是在西班牙一个村庄玩耍的儿童，那个村庄是野狼的喂养点。不过，人们还是愿意相信，是狼藏匿在灌木丛后，伺机杀死了无辜的孩子们。

其实，人被狼伤害或捕杀的概率很小。如果你总是害怕被狼伤害，那我劝你还是不要开车了，因为出车祸的概率可比被狼所伤的概率高多了；我还会劝你不要乘飞机，不要在雷雨天在户外逗留，因为这些都存在令你丧命的风险；你最好也不要去牧场，每年被奶牛伤害致死的人远比被大白鲨伤害致死的人多。你的办公室也是个危险的地方，因为仅仅在德国，每年就有300人因为圆珠笔而丧命。在致人死亡最多的20种动物里，狗排在第四位，而人类自己则高居榜首。你看到了吧，比狼危险的事物多着呢！

感谢那些锲而不舍为狼澄清辩护的人，他们致力于向居民们科普有关狼的知识，所以到目前为止，称自己不再害怕狼的人越来越多了。但是，如果你问他们是否反对狼群生活在他们的城市森林里，那么他们一定会斩钉截铁地回答："是的！千万别这样！城市森林？我们还怎么带着孩子去那里散步！"

这些人的口号是：狼，可以接受，但是不要出现在我们家门前！

其实，恐惧是现代人的通病。虽然同这种病症进行了不懈的抗争，但我们仍然会惧怕很多东西，怕敌人、怕生人、怕邻居、怕自己、怕权势、怕爱情……在通常情况下，狼似乎象征着那些邪恶的、令人恐惧的事物。

对狼的恐惧是人们想要消灭狼的一个重要原因。任何一个开明的人都知道狼是不吃人的，但走在有狼出没的森林里的时候，我们会不由自主地感到焦虑不安，前瞻后望。树枝的咔嚓声或是哪处的黑影都会让我们疑心有狼出没（在此普及一下：狼在移动时是无声无息的，根本不会令树枝发出声响）。人类对狼的惧怕已经根植于基因，进化心理学家哈拉尔德·A.欧拉（Harald A.Euler）说："就像人们害怕蜘蛛和蛇一样，对狼的恐惧也已经经过基因编码了。"也就是说，许多人并未与这些动物有过负面的接触经历，也没有被这些动物实际威胁过，但人们依然会很快对它们形成病态的恐惧，仅仅因为他们看到过别人对这些动物表现出来的害怕。

偏见不仅荒谬，还会制造恐慌。在我主持的研讨会上，参加者曼努埃拉·L（Manuela L.）的经历向我们证实了这一点：

事情发生在萨克森–安哈特州一个小地方。一天清晨，曼努埃拉从她的度假屋出发去遛狗（这位来自黑森州的女士长时间以来都是在德国境内度假的）。这个地方是她专门从德国狼地图里挑出来的，位于一个狼出没的林区的中部地带。曼努埃拉期待能在这里邂逅她生命中的第一只野狼，或者至少能听到一声狼嗥。"那种知道狼就在你附近的感觉太刺激了！"她在跟我讲这话的时候，双眼还会因为激动而熠熠发光。于是，在这个清晨，曼努埃拉把望远镜装进背包里，牵上她的两条狗出发了。已经13岁的波士顿狗艾玛乖乖地待在女主人附近，而4岁的霍夫瓦尔特犬弗雷亚则焦灼不安，仿佛要挣脱10米长的牵引绳冲出去，它在自己所能触及的范围内兴奋地嗅来嗅去。

突然，曼努埃拉听见一个女人惊恐的声音："有……有……有狼！"而一个男声回答道："不，那只是一条狗而已。"

过了一会儿，步行道上出现了一对上了点年纪的夫妇，他们穿着专门的徒步服，背着背包。而此时弗雷亚早已经跑回到曼努埃拉身边了。

"不好意思，我把你的狗看成狼了。"妇人向曼努埃拉道歉。

"你的意思是在这里的确能遇到狼，是吗？"曼努埃拉激动地问道。她本以为自己可以得到更具体的线索，然而她的话却点燃了那对夫妇的怒火。

"这些畜生，把我认识的一位猎人的猎犬给撕了，那狗本来只是乖乖地卧在猎台下。"说这话的时候，男人涨红了脸，激动得额头青筋暴起。他继续说道："就在这附近，它们还袭击了整群的欧洲盘羊，有一百多只，地上都是死羊。"

他扯着嗓子向曼努埃拉讲述这件事，激动得连音调都变得尖利刺耳，吓得曼努埃拉直往后退缩。

"什么时候才能有点实质性的措施呢？政府应该制定对策，可是那些该死的动物保护者和环境保护者太厉害了。"

妇人非常赞同她先生的言论，用力地点着头，鼻梁上的眼镜差点滑落下来。

"已经没有人再带着孩子进这片森林了。"妇人愤愤不已地说道，"后面农庄的农妇们也不敢把孩子单独放在院中的婴儿车里。只要孩子一哭，就会把狼引来，然后那些家伙会把孩子叼走。"说这话的时候，妇人热泪盈眶。曼努埃拉并不清楚她这样是出于对孩子的同情，还是出于对狼的愤怒，愤怒于它们伤害无辜孩子的血腥暴行。

"太过分了，必须采取有力措施。"妇人边继续说，边恼怒地盯着卧在曼努埃拉身边的艾玛和弗雷亚，好像它俩就是嗜杀成性的恶狼似的。"这些都是一位专家告诉我的，他是一位猎人。"妇人最后说道。

曼努埃拉突然觉得自己像是乘着时光机，回到了愚昧的中世纪。于是，她决定结束这场对话。她冷淡地点点头，表示明白了他们的想法，牵狗准备继续前行。

然而，男人却觉得他太太的描述还不够生动，应该更形象一些，于是他把手伸到夹克里面，从腰间拔出一把手枪。

"这几个月，要不是带着这把枪，我们也不敢在这森林里徒步。"他一边咒骂着，一边在曼努埃拉面前挥舞着手里的枪。曼努埃拉悄悄地将狗挡在自己身后。男人继续叫嚣着："如果让我遇到那样的畜生，我会二话不说直接把它干掉，然后把尸体埋在林子里。这样就算是带着无线项圈的狼，那些疯狂的动物保护者也拿我没辙。我的朋友，就是那位猎人，跟我说，现在不能大肆猎杀狼就是因为这个。"

曼努埃拉表示不解："因为哪个？我不太明白你的话。"

"就是动物保护者可以通过狼戴的无线项圈观察到狼的一举一动。如果被发现对狼进行射杀，会遭到严惩的。"

"卡尔，收起那东西！"妇人边说话，边把她丈夫拿枪的手往下按，"你吓坏她了。"男人这才把枪收了起来。

之后，曼努埃拉带着狗继续前行。在离那对夫妻已经有一段距离的时候，曼努埃拉才反应过来并感到后怕。她问自己，如果刚才那男人和他太太一样，把弗雷亚看成狼的话，会发生什么？也许她的弗雷亚现在已经横尸林野了。

在研讨会上向我们描述这段经历的时候，曼努埃拉仍然非常激动。大家问她，是否会再次到那里度假、找狼。

"绝对不去了！"她回答道，"现在我们只去安全的地方，我所说的安全可不是指没有狼的地方，而是指没有那些疯子的地方。"

也许你并不相信上面的故事，但事实上的确存在那样的偏见、无知和狭隘——它们是威胁狼存在的主要因素。

并不是所有人都不喜欢一早就被童话故事恶魔化了的狼，有些人认为没有比狼更忠诚的动物了，长期以来，我们和狗生活在同一屋檐下，狗不就是被驯化了的狼吗？不过，有爱狼的人，就有恨狼的人。对于恨狼的人来说，狼是异族，无疑会对他们造成威胁。我们最常听到的说法就是："狼不属于我们的世界，它们之前不是已经被杀光了吗？狼属于荒野，而我们人类拥有高度文明，二者不可能共生共存。"还有其他的说法："我们不反对狼的存在，只要它们不扰民就行。"当然，还有更荒谬的论调："把狼都集中到巴伐利亚森林或者其他自然保护区，让它们在那里自生自灭。"更有甚者建议给那里围上栅栏，先不考虑这样做的可行性，即便真做成了，那里岂不是变成了动物园，哪里还有什么荒野？熊、狼、猞猁这些代表荒野的动物被围在栅栏里，由人管理——你能想象这样的大自然吗？

对于人类来说，荒野与高度文明的区别似乎很重要，但对于狼来说则无所谓，显然在这方面狼已经超出了我们一大截。作为喜欢在人类垦殖地生存的物种，狼已经适应在我们中间生活了，只要猎物充足并有一隅藏身之地，狼就会随心择处而居，而且大多数时候，人类都发现不了它们。

虽然人们对于荒野的看法不同，却都认同狼应该生活在荒野。反狼人士想要把狼赶回大自然，远离人类；而爱狼人士则认为狼和人同属于大自然，都是大自然的一部分。

其实，狼不一定非得生活在荒郊旷野，而荒野也并不意味着没有人类的身影。千百年来，人类影响和改变着自然，自然也早已适应了人类的存在。我们毁坏森林，扩大耕地，改造荒野以增加宅基面积。动物因此被驱赶出它们的原住地，被迫进入城市。要知道，现在柏林市里的鸟类品种比埃弗尔（Eifel）国家公园的还要丰富。在有的地方，浣熊、野猪和狐狸变成了城市难题，因为它们进入城市后，很快就会发现垃圾桶找食物吃，可比逮兔子容易多了，这些家伙还学会了在人们的花圃里过夜。而这些其实就是它们一直在做的——适应环境，生存下去。

但是动物也有不能完全适应的地方，因为它们还是有自己的习惯惯性，像德国狼，它们大多数群居在军事训练区或停工的工地，因为这些地方资源丰富，又比其他地方更"荒凉"些，当然这都是人为的结果。在核事故发生25年后，切尔诺贝利出现了动植物的生命迹象，其中就包括一群健康的狼。狼群已经完全适应了那里的辐射环境，并安静地享受着隐世生活。它们在这种"自然和荒野"下的生活真让我们难以想象。

人类费尽心机地想要驯服狼，并遏制它们的某些行为，却从来不给它们安定的生活环境。人类社会对自然的掌控已经达到了前所未有的程度，我们想要安全，不希望再有荒野。我们到森林里去，在狼的领地上散步的时候，就好像上战场一样，腰里别上防狼喷雾，包里装着警示哨子，连手机也要调到应急状态，准备随时呼叫。

我们的文化使得我们痴迷于掌控周遭的一切，然而这种掌控力却遭到了野生动物的挑战，因此有人认为应该把所有的猛兽都消灭掉。我们的祖先或许对狼和熊进行过清剿，以致它们现在在地球上几乎失去了自己的位置。与之相反的是，有些人认为狼是益类，它们的存在象征着无拘无束的大自然和健康的生态环境。大型犬科动物有益于自然与环境，人类应该去适应它们，即便要为此付出一定的经济代价。

我们之中，有许多人为了生存而不得不劳作。他们没有时间去感受大自然的浪漫，自然只是他们眼中的阻碍：高速路不能修到稀有植物生长的地方，规划项目因为环保而被废止，这些人也就因此没有工作可做了。农场主们负担不起或者不愿支付对羊群进行必要保护的费用，而接连发生的狼杀羊事件可能迫使他们放弃养羊。由此一来，农场主们必然不会觉得出现在他们羊群附近的狼有什么美好可言。但我的工作经验却告诉我，家畜饲养者其实并不排斥狼，他们主要反对的是随着狼而来的条规禁令、官僚作风、申请保护和财政补偿时的烦琐手续、难以入眠的日日夜夜，以及政府和环保部门的监管。毫无疑问，如果没有这些攻击家畜的猎食动物，他们的生活可能会轻松一点，这是他们不想让狼存在的原因。

只要涉及狼，不论是爱狼的人，还是恨狼的人，大家都处于相似的境况：人们接受狼是一种具有多面性的动物，承认它们是人们生活中的一部分，并认可狼在我们生活的自然空间里所处的位置。

还有一些人对狼有更深刻的情感，他们认为狼美丽、睿智，是高度社会化的动物。当对此持有异议的人攻击狼的时候，这些人会为狼辩护，狼圣洁、忠诚、可靠，是征服自然的人类文明的牺牲品。

然而，上述对狼的看法并不切合实际。作为猛兽，狼捕杀猎物，这就意味着它们也会猎杀那些没有被妥善保护的家畜。狼也攻击人，尽管这种情况极少发生。但对于这类事实，爱狼人士总是拒绝承认，更愿意把这些当成偶然事件。

作为猎手，狼不仅会干脆利落地"喉杀"咬死猎物，还会不等猎物死去就开始大快朵颐。这样的画面一点都不神圣美好。

很多人在看到狼的时候，会感受到自己对大自然的热爱之情，这种感觉源自人们对大自然的理想化认知，而这种理想化的视角其实是有问题的。无论是狼的拥护者，还是狼的反对者，在看待狼的问题上，都以自己的视角、社会地位和意识形态为出发点，不够客观实际。人们对狼这种神圣庄严的动物很容易产生浓厚的感情，但却很难把这种情感和认知联系起来，在弱肉强食的世界里，狼可是和人类一样的肉食动物，是高级猎手啊！

我们缺少对狼真实、客观的看法。在现实生活中，狼就是一种普普通通的动物，要想和它们和平共处，就必须真正地接近它们。不论是在空间上，还是其他方面，都要实际接触，以区分事实与臆想。只有这样，狼和人才能共存。

我们要如何才能做到这样呢？为此我询问了摄影师兼自然影片编导吉姆·勃兰登堡（Jim Brandenburg）。1992 年，我在明尼苏达州荒野的时候，吉姆是我的远邻。他在一个叫伊利的小城市的画廊里办个人影展。在那里，我们聊到了人们对狼的偏见。彼时，距有报道称狼群重返德国还有八年的时间，但已经有人对偶尔进入德国境内的野狼进行非法射杀，所以我们想做点事情。此前我已经和金特·布洛赫一起成立注册了狼群保护协会，旨在普及狼的知识，消除大家对狼的误解。

吉姆给了我非常有价值的建议："如果你想说服别人，一定要用迂回战术，曲言婉至，就好比正门已经戒备森严，那你就从后门找突破点。这个做法普遍适用于我们的生活，劝人戒烟、戒酒、不要超速驾驶、不要杀狼，等等。你如果这样劝人的话，人们会乐于去改变的。"

我的工作基本上就是寻找人们脑海里或心目中的"后门"。人们只会喜欢自己了解的，保护自己钟爱的。所以，我们除了要具备知识，还要跟狼建立起感情方面的联系，而要实现这两点，最好的方法就是与狼直接接触。

意大利生物学家、狼研究者路易吉·博伊塔尼（Luigi Boitani）曾经在一次访谈中建议道："把那些人带到狼生活的地方，让他们去听听狼的夜嗥，看看狼撕咬过的动物尸体，还有狼的足迹、粪便，都让他们看看。"

这也正是我的亲身经验，要想真正地观察狼，我们必须前往它们的世界。只是坐在电脑前通过无线项圈追寻狼的行踪，或者观看几秒钟摄像机从野外拍摄的视频是远远不够的。即便观察圈养在栅栏里的狼，我们对它们的了解也依然太少。为了全面地了解狼，了解它们独特的性格，我们必须走近它们。我的意思并不是要强行加入它们，而是在特定距离之外，作为一名耐心的观察者去靠近它们，要不怕肮脏，耐得住严寒，还要具备极高的耐心，这样才能看到狼群真正的样子。

想要真正地了解、弄懂狼群，不单意味着每天蹲守在烈日下、草丛中，膝头放着相机、记录本，兴奋地观察着正在嬉戏的幼狼们；还意味着要在-30℃的严寒天气，盯着熟睡的狼群，痴痴地等待它们的耳朵或者尾巴不经意地抖动。尽管会冻得发抖，但看到狼群苏醒的画面时，我们依然会感到欣喜不已。

观狼也意味着要忍受残暴，看到被撕咬的猎物、鲜血及断骨。看着狼撕咬一头麋鹿或者我们熟识的另一只狼，这样血腥的场面会令你不忍直视，只想逃离，但这就是狼的生活。如果你只想看玩耍的幼狼和互相照料的狼群，抑或是寻找圣洁与美好，那么没有必要到荒野来，去动物园或者观看一部国家地理影片就够了，那里面没有丑陋的画面。

我曾经和几个生物学家在阿拉斯加的锡特卡（Sitka）观看过一场"鲸鱼表演"。我们从船上看到一群虎鲸猎杀一头灰鲸幼崽。它们将幼崽与绝望的灰鲸母亲分开、杀掉，那场面极其惊悚。虎鲸的家庭结构及群猎战术跟狼群极为相似，所以有"海洋之狼"的称号。

若要了解狼的魅力，我们就不能回避它们黑暗的一面，只有接受了大自然的每一面，我们才能真正地了解它们。

有一天，一个好心人遇到一只狼。它从容不迫，凝视着对方的双眼，这个好心人被它的野性所吸引。他们一动不动地彼此对视了一小会儿，好心人问："我知道，你们生活艰辛，有什么人类可以帮忙的吗？"狼沉默了一会儿，回答道："请忘记我们吧！"

皮尔·乔瓦尼·卡佩里诺（Pier Giovanni Capellino）

Almo Nature 的创始人

欢迎狼的到来

在德国有野狼的日子

2017 年 1 月底，我又踏上了寻狼之旅，不过这次不是远赴美国的怀俄明州，而是在德国本土。我与四位朋友（我们几人曾多次一起去黄石观狼）去了下萨克森州（Niedersachsen）的文德兰地区，虽然我们都认为在那里遇到狼的概率并不大，但对于大家来说，知道文德兰有野狼生活已经很知足了，何况我们还将踏上它们的领地。

"我们为什么需要狼？"找寻这个问题的答案，正是我们此行的目的。

我们住在杜波蔻德（Dübbekold），那是个只有几幢房子的小地方，距戈莱本镇直线距离约 30 千米，位于下萨克森州吕肖-丹南贝格县的格赫尔德（Göhrde）森林边上。格赫尔德国家森林是德国北部面积最大的混交林，那里是几只野狼的栖居地，但野狼很少或不经意间会吓唬（或吸引，取决于描述对象是谁）到森林里的徒步者。那天，我们一早就进入了森林。之前刚刚下过雪，这加大了我们发现狼的踪迹的概率，但至少我们能听到几声狼嗥。肯尼·肯纳（Kenny Kenner）是我们此行的向导，他昨天发现了一具新鲜的狍子尸体，它周围有狼出没的痕迹。

我们对森林、田野进行了四个小时的地毯式搜索。除了仔细地查看地面，我们偶尔也会回头观望一下，以免错失那些悄然出现在我们身后的家伙。可能我们弄出的声响有点大，毕竟我们有五个人，还有一名向导和一条狗，这样的动静对于狼来说，可算不上秘密行动。不过，搜寻到的结果还算令人满意：我们在一条林间小路上发现了狼的足迹。前后相随的爪印，步幅长 1.22 米，不算爪尖部分的足掌印有 8 厘米长、7 厘米宽。此外，我们还发现了狼的尿痕以及几坨混有毛发和骨头的粪便。"太棒了！"肯尼从包里取出装备，用夹子把粪便夹进装有酒精的玻璃容器中，以便后续对其进行 DNA 检测。他将这些地方及周边环境做了记录，拍了照片，顺便还向我们普及了包括狼在内的格赫尔德森林动植物发展史。

由搜寻结果我们得知，一对狼夫妻和六只幼狼就生活在附近，也许它们此刻正躲在灌木丛中窥视着我们。我们把天线设备调成接收状态，并清醒地知道自己正身处野狼的领地，这一认知让我们兴奋不已。

德国也有野狼，这在几年前可是我想都不敢想的事。数年来，为了观狼，我不得不远赴美国，而现在，我在自己的祖国找寻它们。兜兜转转间，我又回到了起点。

但并不是所有人都能像我一样，有幸进入狼的生活，观察它们，了解它们，所以直到今天，人们在读叶森格伦*的故事的时候，仍然对它看法不一，从单纯的不值得信任到极度的恐惧害怕。在前面的章节里，我提到过因为野狼的存在，牧羊人担心自己的羊群，猎人们担心自己的猎物，而路人则担心自己的安危。人类与野狼的战争从未停歇，如果说以前的战争只是人直接针对狼的，那么今天野狼的出现则引发了政治生态各个领域的多项反对运动。

在以畜牧业为主的地区，人们害怕野狼。随着野狼的出现，那里人们的生活开始变得复杂。饲养者们不知道该如何去保护他们的牛、马、羊，也不知道如何去申领相关的政府补助和赔偿。对于他们来说，狼的存在象征着城市人及动物保护者对乡村人利益的践踏，这些人将自己对自然的态度强加给乡村人，而乡村人根本不想成为野狼及其拥趸的朋友，因为狼绝对是个麻烦的邻居。

被咬死的家羊通常是野狼在附近出没的直接信号。狼是十足的机会主义者，它们会去吃那些比较容易得手的猎物，当然也包括那些没有被妥善保护的牛羊。狼会这样做，并非想借此激怒或威胁人类，而只是因为我们提供了便利条件，使这些家畜成为它们的食物来源。而一旦它们了解到，这些无人看守的羊猎杀起来如此容易，它们就会一直将其作为自己食物的选择。实事求是地说，我们无法怪罪狼的这种行为，你不妨想想，若是你面前突然出现了一盘牛排，那你还会进森林自己猎食吗？如果认为狼会拒绝这样的便利，那简直是在侮辱它们的智商。

---

* 《列那狐的故事》（*L'histoire de renard léna*）主要角色之一，是一只拥有男爵爵位但又愚蠢贪婪的雄狼。——译者注

因此，牧人一定要了解狼的想法，才能保护好自己的牲畜。防狼电网和牧羊犬的组合是最有效的方法。在东欧或南欧有狼的国家，人们利用高大健壮的犬种看护牛羊已有数千年历史，这些狗把牲畜当作"自有物"来护卫。另外，驴子和骆驼也可以充当"牧羊犬"。

虽然设置防狼电网成本大、费用高，但联邦州会给予相应的资助。如果饲养者已经按照规定对牲畜做了保护，其家畜仍被狼猎杀，那么政府还会给予饲养者补偿。这些都是人类为与狼共存付出的代价，狼可不是天上掉下来的免费馅饼。

当牧羊人眼睁睁地看着狼冲入羊群，并咬死好几只羊的时候，我们可以理解他们的震惊与愤怒。但狼并不是嗜杀成性的动物，从行为学角度分析，它们不会把羊全都咬死，因为这样做没有意义，没有谁会去断绝自己的食物来源。

在野生动物里，这种过捕现象（浪费能量的猎杀）是很少出现的，但我们确实看到野狼对羊群这样做了，就像臭名昭著的狐狸出现在鸡舍里一样，狼会一直扑杀，直到没有一只羊动弹为止。其实，狼每次要杀死、吃掉的猎物量与猎杀的难易程度以及人为干预都有关系，因为家畜大多被关在栅栏里，空间拥挤，不易逃窜，所以对于狼来说，它们就成了比较容易得手的猎物。

而且被杀死的羊并没有被吃掉，就那样横尸在羊圈里。自然情况下，狼都会尽可能把猎物吃光。但在过捕行为中，我们看到狼没有去吃杀死的羊，因为来回奔跑逃窜的其他羊打断了狼的进食行为，并一再激起它们的猎杀欲。

在一次自然保护大会上我和饲养者们聊天，他们愤愤地说自己并不是在养羊，而只是在养狼，所以打算放弃畜牧业，而且他们也负担不起那些防护措施的费用。"我还没填完申领资助的表格，狼就已经在肆无忌惮地吃我的羊了。我们讨厌狼，就像讨厌乌鸦、田鼠那些破坏农场的动物一样。"一位年轻的牧羊人愤怒地说道，"狼死绝了才好。"

有些人认为人类是万物之首，因此可以决定其他物种的生死存亡。其实，这些人根本连生态关系都没弄明白（或者是不愿了解）。他们固执己见，拒绝改变。其实，他们若能以开明的心态去适应新情况，也许会遇到意想不到的事，比如在牧羊的时候得到狼的帮助。

狼也是可以成为羊群守护者的，这件事虽然鲜为人知，但的确令人神往。通常，野狼对于"安全"食物的定义完全来自父母、兄姐的传授。在德国，野狼的食物一般是獐子、麋鹿和野猪，例如在萨克森州，狼的食物中 94.9% 是野生有蹄类动物。也就是说，按照狼的习性，如果狼从未吃过羊肉或小牛肉的话，那它们是没有兴趣把这些动物当作猎物的。

还是在那次自然保护大会上，一位牧羊人聊起了他利用狼的上述习性，让狼为己所用的故事。他自豪地给我讲了"他的狼群"的故事："有七只狼生活在我们附近，它们在标记领地时会路过羊群，我偶尔可以看到。它们之中有狼曾经试图贴近电栅栏，但被电击倒了。这只狼认为是羊'咬'了它，并将此事告知了家人。最后，这个狼群没有杀过一只羊，反倒是羊群因为狼对领地的捍卫而受到了保护。""没有什么比这更好的了。"牧羊人说，"我现在非常留意，不让自己的狼被别人伤害。"

只要那七只狼还生活在那里，他们之间的这种合作就会持续下去。除非狼群迁走或者头狼被杀，现状才会发生改变。我们要时刻牢记，与我们打交道的是具有极高智商和超强适应能力的物种，而人类一成不变的日子也该结束了，我们现在必须学会与狼共存，就像狼适应我们的存在一样。此外，人类还要做到比狼更明智一些才行。

人们对狼的看法一直在改变，特别是在南欧，在匈牙利、罗马尼亚、意大利和西班牙这些国家，人们早已能轻松地看待与狼共存的问题了，而在德国，野狼爱好者们还认为与狼生活在一处是一件充满戏剧性的事情。在那些国家里，如果有狼咬死羊，牧人们也会愤怒，但他们不会因此就对那些"灰毛匪徒"提出极端过分的要求。

我们的向导肯尼·肯纳是德国自然保护联合会（NABU）的狼大使和狼问题顾问，他常常会给牧人们提供关于家畜保护的建议。他向我们说起了他曾经与一名罗马尼亚牧羊人的对话，肯尼问这位牧羊人，如果野狼咬死了他的羊，他会怎么做。牧人回答说："我会感到羞愧。"

这答案令肯尼震惊，他不解地追问："羞愧？什么意思？"

"我对自己的家畜感到羞愧，因为我不是一个好的牧羊人。我本该对它们负起责任，不让它们遭遇不幸。"

作为牧羊人，你可以不爱狼，但是要足够爱自己的羊，保护它们免遭狼的侵袭。真希望德国的牧羊人也能够有这样的觉悟。不抱怨、不推卸责任，更不要无休止地谴责狼（因为它们只是为了生存），牧人们做到自己该做的，接受生活的现状，承认狼与我们共存，而这样做也将成为对狼的切实保护。

在德国如果试图为狼做宣传，那你必须要有强大的心理承受能

狼正跑过被电栅栏保护得很好的羊群

力和一定的幽默感，因为对于野狼这个话题，人们几乎会跟对待其他极端话题（如难民）一样，冒出许多令人匪夷所思的言论。

若干年来，网上隔一段时间就会出现"行李舱狼"的阴谋论说法。该论调声称，狼是被人用卡车从东欧运到德国，并丢弃于此的；还有人说东欧人专门饲养杂交狼，然后把它们非法越境运送到德国。因此，生活在德国的狼并非纯种狼，不该享受保护。好在这些论调最后都被科学研究悉数反驳，被证实为虚假新闻。

由于"行李舱狼"的说法总是定期出现在与狩猎相关的杂志或论坛上，为了一劳永逸地驳斥这一论调，柏林联邦警察局于2014年1月27日发表了一则相当有趣的媒体声明：

2013年11月初，有报道称联邦警察在一辆白色大众T4车上扣留了一只"荒原狼"。但该"荒原狼"并非北美郊狼，而是一辆同名自行车制造商生产的自行车，该自行车是运往东欧的 14 辆赃车之一。之前做出不实报道的记者……是由于失误，还是由于听过同名摇滚乐队荒原狼（Steppenwolf）的歌曲《天生狂野》（*Born to Be Wild*），我们不得而知；也有可能是那位不知名的警官与赫尔曼·黑塞小说《荒原狼》中的主角一样，遭受了内心的折磨，从而想在幽默中调和他精神分裂的那一面……

　　事实上，所有在德国生活的野狼都是由自然途径进入德国境内的。也就是说，这些野狼并不像某些生物学家或狼问题专家所说的那样是被还迁安置的，而是自然迁徙到德国境内的。被还迁安置意味着，不在某地生活的物种，或是以前有但后来濒危灭绝的动物，被人为地迁回该地区生活，例如，在 1995 年至 1996 年年间，31 只灰狼从加拿大被迁居到美国黄石公园内安家落户。相较而言，第一批来到德国的狼则是在柏林墙倒塌后，自己进入德国境内生活的。

　　媒体的确严重地影响了人们对野狼的态度。自 1991 年起，我开始发行《狼杂志》（*Wolf Magazin*），并在每月一次的在线时事快报中汇总报道关于狼和其他大型犬科动物的信息。但近几年来，我不得不把大量的时间耗费在分辨信息的真假上。那些媒体只关心制造舆论，在标题中加上"狼"的字眼来博人眼球，拉拢读者，例如"汉堡惊现狼群"这样的大标题，抑或是让人们充满假想的"20 只羊悉数死亡，难道有狼出没？"，而在这样的文章中，除了投机的推测和人为的文字矫饰外，根本没有背景描述及相关调查分析。

更过分的是，很多被假想的"狼"经证明其实只是野狗而已，毕竟对于外行来说，很难准确地分辨野狼和捷克狼犬。

在狼的问题上，互联网也大量介入，人们可以登录某些论坛来了解狼的详细情况，不过这些论坛上的观点几乎都是非中立的。

所以，我在此建议：如果你想搜集关于狼的信息，像是它们在哪里安居？正在做什么？它们做过什么事情？那就请你仔细比较一下那些报道，不要偏信所谓的专家言论，审视那些代表利益集团的媒体报道的正确性。其实，好的信息只来自有狼生活的那几个州的环境局新闻部，只有在那里你才能找到有关狼的可靠消息。

在格赫尔德的周末寻狼之旅中，我们也遇到了一些游客，通过聊天我们得知，他们选择来国家森林度假不仅因为这里的宁静、天然，还因为这里有狼。其实，"与狼共存"的好处之一就是野狼能够成为吸引游客的元素。不论是狼群固定生活的地方，还是只能偶尔见到狼的地区，都有狼迷前往。他们来自德国各地，甚至是从其他国家慕名而来，就是为了亲眼看见野狼的身影，亲耳听到野狼的嗥叫，或者可以捎回一些和野狼有关的纪念品，像印着野狼的T恤、杯子什么的。这些人的到来拉动了那些偏远地区的经济增长，因为他们会选择名叫"七只小羊"的度假屋入住，在餐馆里点上一份"狼宴"套餐，抑或是在纪念品商店里买一瓶名为"狼血"的烧酒。由此可见，人们确实在慢慢尝试去适应与这些大型犬科动物在一起的生活。

肯尼和妻子芭芭拉·肯纳（Barbara Kenner）就开了一家低碳环保酒店。在那里，他们每年多次为亲子家庭提供"观狼周"活动。

2014年，这项亲子活动还荣获了德国国家地理杂志（*Geo Saison*）颁发的旅游业金棕榈奖(Goldene Palme)，该项目主题为：谁害怕狼？

德国重新成为有野狼生活的国家，并会持续下去。国民们似乎也在慢慢学习如何与这种颇有争议的四条腿动物一起生活。在与野狼共处了20年后的今天，事实告诉我们：并没有发生类似"小红帽"被狼吃掉的事件。德国自然保护联合会曾委托德国社会研究与数据分析公司（简称"Forsa"）于2015年9月发起了一项问卷调查，其结果表明：大多数人接受狼的存在，且每两个人中就会有一位对狼抱有好感。

但那些对野狼持中立或不明确态度的人群并不会主动参加这类问卷调查。其实，这些人也认为狼很迷人，可能也会期待在自己度假时听到一两声狼嗥。不过，如果让他们独自在森林里与狼邂逅，他们仍然会觉得不安全。这些人会教育自己的孩子如何与大自然打交道，如何尊重大自然，同时他们也会确保孩子免遭一切可能的伤害，像是攀爬高树、在不熟悉的水域里游泳，或是窜进有安全隐患的灌木丛，等等。但不论他们愿不愿意，孩子们还是有可能遇到狼。因此，我们必须让孩子们明白怎样与狼打交道，因为人类对待狼的态度最终将决定狼的存活。

现在，野狼越来越经常地出现在我们的生活中，它们其实已经不再是原始自然与荒蛮的代表了。作为喜欢在人类垦殖地上生活的动物，野狼能够悄无声息地成为人类的邻居，只有在破晓或黄昏时分，人们才会不经意地看到野狼从村庄里跑过。所以，没有什么是习惯不了的。在德国上劳齐茨地区，人们已经和野狼共存了很多年，野狼在村镇外绕行，有时在夜里或者白天跑过屋舍。在那里，人与狼时常邂逅，而且大都是直到撞见的时候，狼（人）才意识到，原来两条腿的人（四条腿的狼）就生活在附近。

特别是在夏天伊始，人们常会遇到狼，因为性成熟的青年狼开始远足去寻找自己的领地。此时的它们绝不像某些论调所说的那样"摈弃天性的胆怯"，置人于"危险"之中。实际上，狼的表现淳朴而简单：不知天高地厚的"小青年"踏上探险之旅，顺便接近汽车、房屋或一两个徒步者了解一下。就像人类的孩子一样，它们在通过自己的经验了解生活的面貌。

往往在这个时候，人类也有要肩负的责任，那就是不要让野狼通过我们的某些举动，例如喂食，来认定我们这些两条腿的生物非常友好，否则聪明的青年狼很快就会学会亲近人类。所以，请谨记：绝对不要投喂！不管是对狼，还是对其他野生动物，这都是最重要的一条原则。

就在我写本章内容的时候，一段公开的视频引起了人们的轰动。视频是一名拖拉机司机拍摄下来的。在视频中，一只青年狼慢腾腾地从下萨克森州的某处田间走来，显然它打算横穿马路。就在此时，野狼与马路上的一位北欧女士不期而遇。看到狼的瞬间，那位女士立即陷入惊恐，并冲着狼大声尖叫。野狼被她的举动吓呆了，迷茫地立在原地，直到拖拉机司机对它喊"走开！"，那只狼才慢腾腾地走掉。随后，各路媒体对这件事做了不同程度的报道，从"惊恐瞬间——野狼接近女性跑步者"到"野狼尾随女性跑步者"，而一些利益集团也马上把此事升级为"需要采取必要行动"的大事，因为野狼"过界"了。我不禁想问：过了哪条界限？发生了什么事吗？没有，什么事都没发生！不过是一只青年狼在田间行走，出于好奇看了人类一眼，然后继续前行罢了。除此之外，并没出现其他状况。然而，针对该事件的夸张宣传却再次说明了，建立人狼之间的正常关系在德国是一件多么重要的事情！

法律明确规定了在哪些情况下可以对野狼采取必要的行动，相关条文可以在任何一项野狼管理条例中查到，但上面视频中所描述的突发事件肯定不属于该范畴。在德国，或说在全欧洲，野狼都是受严格保护的物种，并且这种保护是持久性的，所以我们每个人都有理由去学习如何与它们一起生活。

当然，还是会有害怕野狼的人。这些人的恐惧有时并无理性缘由，但确确实实存在。作为野狼保护者的我们必须承认并严肃地看待这一问题。*

其实，遇到狼时，感觉害怕是正常的，因为人都会对陌生事物感到恐惧。而且，恐惧并不因为我们假装它不存在，就会消失。所以人们需要的是去勇敢地面对，有的时候真的只是坚持一下就可以挺过去的。

我一定要讲讲那些我佩服的孩子，因为他们在面对陌生事物时表现出来的勇气超过了成年人。当时，我在策勒（Celle）附近的一个学校做报告，我问学生们有谁见过野狼。两个女孩子犹豫地举起了手，说她们曾经在森林里遇到了三只狼。

我问："你们害怕吗？"

她们使劲地点了点头。

"那你们有做什么吗？"

---

* 　在附录中，我对遭遇野狼时的最佳做法将有提及。——作者注

"没有，我们吓得站在那里不敢动，然后那三只狼就走了。"

太棒了！两个孩子采取了最正确的做法。几天后，她们的老师打来电话告诉我，那两个小姑娘现在可自豪了，因为自己见过真正的野狼呢！

孩子们是我们打破偏见的希望。他们开放、勇敢，乐于接受新事物，并且本能地与动物保持着天然的联系，而这些都是我们成年人所缺少的。

真正的野狼不比保护者们口中所描述的家伙更好或更差，前面提到的诸多矛盾在将来依然会存在。一百多年前，很多大型猛兽几乎在世界各地都失踪了。随着人们环保意识的觉醒和切实有效的努力，近年来，它们才再次现身。狼、熊和猞猁的回归算得上是跨世纪自然保护的伟大成就。多年来，我专注于野狼的保护工作，看到人们对它们的接受度越来越高。今天人类已经不再需要拯救野狼这个物种了，而是在尝试学习如何与它们共存。

我们的目标也不再是拯救濒危的狼群，而是要将它们融入自己的家园之中。在那些人与狼产生矛盾的地方，我们需要对于实际问题提出多样化的解决方案。我们不需要让人人都喜爱狼，只是尽力让大家能把野狼作为自己生活环境中的一部分来接受。

我们谨记自己的任务不是去操控自然。干涉狼的生活也不是我们的工作，我们要做的只有：保护野狼以及它们的生活方式。

改变从来都不是件容易的事，有时还会产生不愉快，因为过大、过多的变化会使人惊恐，出现抵制、恐惧、压力等难以忍受的情绪。但是请你放心，一切改变终将成为习惯。届时，你会明白，与狼成为邻居并没有那么糟。它们并不会吃掉我们的小孩或家犬；

偶遇时，野狼甚至会给我们让路。而在森林里徒步的你可能早就不在意那里是否有野狼了，或许还要诚挚地感谢它们，让我们可以全神贯注地去感知森林。而这一切能够成为可能，皆因生活在我们身边的野狼。

总有那么一天，人类会觉醒并意识到，自己早已习惯了与野狼在一起的生活。我们会发现，自己在听到"狼"这个字的时候，不会再感到惊恐了，取而代之会是微微一笑。

还记得我们这次观狼之旅的目的吗？人类在发展自己的时候，通过农业、林业、狩猎和采矿重塑了大地。为什么在这样一片已经被人为改造过的土地上，我们还想看到野狼的身影呢？

答案其实很简单：因为我们希望如此。是的，的确有人不喜欢狼，但是更多的人却希望野狼能够存在，因为生活在一个有狼出没的国家里，感觉会更好。现在，狼、熊和麋鹿都已回归德国，我们的土地也因此比百年前更加自然和健康。

我和朋友们最终没能在格赫尔德看见野狼，但我们寻到了它们的踪迹，知道它们就生活在那里，这已经令我们感到无比幸福了。在回家的路上，我们甚至觉得随时都可能在自家门前看到有野狼出没！

人终有一死，活着并不是为了不朽，而是为了创造不朽。

恰克·帕拉尼克（Chuck Palahniuk）
美国小说家和自由记者

尾声

W.W.W.D

W.W.J.D 是"What would Jesus do?"的缩写，意思为"耶稣会怎么做"。商人杰米·丁蔻兰堡（Jamie Tinklenberg）在查尔斯·谢尔登（Charles Sheldon）1886 年所著的书中发现了这句话，并将其作为醒世警句设计在了手环上。该手环迅速在美国青少年中风靡起来，并成为一种时尚。据丁蔻兰堡称，迄今为止该手环的全球销售量已经超过 5 200 万条。

因为这个缩写简单好记，就连汽车商也利用它为高油耗越野 SUV 做宣传，W.W.J.D 被大胆地解释成"What would Jesus drive?"，即"耶稣会开什么车？"。

你不要误会，我不是在借机传教布道，我讲的绝对是狼的故事：2015年4月15日，我打点好行装，准备在第二天飞往黄石公园。彼时正是野狼的繁殖季。十六年来，我都会在四月份第一窝小狼爬出"产房"的时候来到黄石公园。其实，一月份和二月份我也在这里，那是它们的孕育期，但是我更期待在四月里看到孕育的成果。

但我在看电视的时候得知，4月16日所有往返欧洲的航线都被取消了，因为冰岛艾雅法拉火山（Eyjafjallajökull）突然爆发，受火山灰影响，北欧及中欧大部分航线都停运了。

其实，黄石公园也是世界上最大的超级火山群之一。十几年来，每次我前往那里，亲友们关心我时除了问我："要是遇到了狼、熊或豹子，你该怎么办？"也会问我："一旦遭遇黄石火山爆发，你该怎么办？"当时，艾雅法拉火山的爆发令冰岛上空布满了火山灰云及不知名的尘埃，一切仿佛都已停滞。我想，这是大自然母亲正在用她的方式教导我们学会谦卑吧！

还是回到 W.W.J.D 这个话题上吧！当我看到电视里火山爆发造成的混乱局面，并期待航班尽快恢复的时候，脑海里自然而然地浮现出 W.W.J.D，不过我将它变成了 W.W.W.D，即"What would wolves do?"（狼会怎么做？）。

如果遭遇火山爆发，狼会怎么做？多年的观察经验让我确信，在适应环境方面狼是杰出的大师：

狩猎的时候没有逮住麋鹿，该怎么办？没关系，小憩之后，再去尝试。

出行回来，发现自己的领地被其他大狼群侵占，要冒生命危险去夺回领地吗？不值得。不如去寻找一片新领地吧！或者就等着，等到对手离开。

山路积雪湿滑，是否要继续前行呢？当然不，转走公路吧，这样可以节省体力。

没有牢骚满腹，不会暴跳如雷。当遇到无法改变的情况时，狼会在努力后另辟蹊径，没有它们适应不了的境况。

所以，在面对火山爆发的时候，除了等待，狼什么也不会去做。如果连等待都失效的话，那它们干脆就去做些别的事情。于是，我决定向狼学习，用它们的方式。没有坐等欧洲上空的火山灰消散，我取消了前往黄石公园的行程，在家把自己的这次经历体会变成文字。

现在，W.W.W.D.已经成了我的人生格言。一旦感到迷茫，我便会自问："狼会怎么做？"狼解决问题的方式简单得令我佩服。可惜我无法真正知道，狼处在我的境遇时，到底会怎么做，因为我不过是以人的视角、根据自己多年的观察推断出狼可能的做法罢了。

狼在诸多方面与人类相似，也是有性格、气质、灵魂、思想和情感的生物。然而有时候，它们又离我们很遥远，仿佛来自其他星球。

有时，我会想知道成为狼是怎样的感受。但我越是尝试进入狼的世界，体会它们的想法和感受，就越觉得谦卑，我知道自己不可能真正地理解它们，因为人就是人，狼就是狼。

所以，不要用人类的标准来衡量狼。它们生活在一个完美的世界里，那个世界比我们的更古老、更成熟；它们有着超凡的理解力，那种理解力我们已经丧失，抑或从未拥有过；它们所信仰的声音，或许我们永远都没有可能听到。

不过，狼终究不是生活在远离人类的外星球，它们与我们同呼吸共命运。在同一个时空里，在同一个美丽的星球上。多年来，我有幸在黄石公园观看到野狼们的生死情爱，是它们教会了我重视家庭，不吝示爱；让我学会了颂扬生命，即便对象转瞬即逝；更是它们让我懂得了为人的意义。

这就是狼的智慧

爱你的家人，

负起你该负的责任，

遇事不轻言放弃，

更不会停下游戏的脚步。

附录

在黄石公园和德国境内观狼小贴士

读完本书后，你也许会有兴趣亲自去野外看一看狼。毫无疑问，黄石公园绝对是世界上最佳的观狼地点，在此我向你提供几点在那里观狼的参考建议。另外，我还会提到在德国野外观狼的可能性。

黄石公园

季节

冬春两季是观狼的最佳季节。

每年冬季（1、2月）有大批麋鹿迁往拉马尔山谷。狼的毛色在这个季节里最为华美。因为正值狼的交配季，有些狼在求爱时肆意忘情，会直接忽略在场的游客。这个季节的缺点是天寒地冻，气温极低（温度在−40℃～−20℃），而且冬季游客明显要少很多。

春季（4、5月），天气回暖，万物复苏。猎物们开始繁衍后代，狼崽们也相继出生。狼群会在"产房"附近安营扎寨，此时你可以选择在一个固定地点观察它们。因为添丁加口，狼群不得不频繁狩猎，这也是观察狼群狩猎的最佳时机。

我不建议在夏季观狼，因为此时的猎物大多迁徙到海拔较高的区域生活，狼也会随之迁徙。而且在这个季节，公园里的游客非常多。

和夏季比起来，晚秋的时候来观狼要更好一些，夜霜和多彩的树叶赋予了这个季节迷人的魅力。

交通

冬季里黄石公园只有北门对汽车开放。周边有波兹曼（Bozeman）机场和比林斯（Billings）机场，都在蒙大拿州。如果租全驱车的话，能够开进园区腹地。

夏季除了近处的波兹曼机场和比林斯机场，还可以从怀俄明州的科迪（Cody）机场以及杰克逊（Jackson）机场抵达。当然你也可以飞往丹佛或盐湖城，然后再乘汽车或露营车前往黄石公园。

住宿

黄石公园每年接纳四百万游客，内部及周边有大量酒店可供选择。公园内部的酒店位置极佳，值得一住，但是必须及早预订，常常要提前一年。我建议你在公园合作官网 www.xanterra.com 上直接预订。

如果是在冬季，你可以选择加德纳黄石公园北入口附近的酒店，或者预订园内的猛犸温泉酒店。

黄石公园内有 12 处露营地，但只有猛犸温泉露营地是全年开放的。有一部分营地位于灰熊出没的区域，即钓鱼桥附近，那里不允许搭帐篷，只允许停驻封闭的露营车或房车。少数营地可以预订，但还是本着先到先得的原则，因此，如果你想露营的话，我建议你一早就到想去的营地门口排队，这样就可以在最早一批车离营的时候得到一个位置。卵石溪营地和沼泽溪营地位于狼区中心，是观狼者露营的最佳位置。关于露营地的信息，你可以查阅：http://nps.gov.yell/planyourvisit/compgrounds.htm.

如果你想在黄石公园徒步数日，且在境内腹地过夜的话，必须向公园管理处申请许可。原则上我不建议你独自一人在熊区逗留，至少四人组队才可以，而且必须携带防熊喷雾。这种由卡宴辣椒和催泪瓦斯混合而成的制剂，你可以在黄石公园内或周边任何一家运动品商店或旅游用品商店买到，价格大约在 50 美元。

通信

黄石公园内信号受限，只有在酒店或游客中心才有信号。有很多游客抱怨那些拿着手机大声通话的人，黄石公园因此拆掉了几座信号塔。

狼出没的地点

对于观狼的人来说，黄石公园北部是最有吸引力的地方，一年四季都可以舒舒服服地驱车前往。有"狼谷"之称的拉马尔山谷全年都是观狼的最佳地点，不过在夏季，海顿山谷也是个不错的选择。

如果要看狼，我建议你尽早起床，最好在破晓前就抵达目的地。你可以慢慢驱车穿过山谷，然后在停车区泊好车，熄火，打开车窗，静静地倾听，你还可以拿着望远镜眺望远方的景色。如果你在路上看到我们这些定期来看狼的人，举着望远镜或摄像机朝着一个方向观望，那不妨停下来，我们很愿意与你共享我们的设备。

黄昏也是观狼的好时刻。不过天黑后回家的路上，你一定要小心野兽出没。尤其是在冬季，马路上会出现野牛群。堵在路上的野牛群绝对是在磨炼人们的耐心，不过你千万别忘了我的建议，这也是一位公园巡护员告诉我的：遇到野牛群时，车要一辆紧挨着一辆，成群结队地慢慢行驶。一旦两车间出现哪怕几厘米的空隙，野牛也会挤进来，到时你就只能与野牛同速前进了。

黄石公园也是天文爱好者的圣地，因为周围没有大城市，这里的星空美丽绝伦。

其他魅力

你还有可能是被黄石公园的地热吸引来的。全球 60% 的间歇泉集中在这里，其中最著名的是老忠实泉。10 000 多处热泉以及每年 2 000 多次的地壳运动时刻提醒着我们，黄石公园地下潜伏着活火山。

短期游建议

如果你想看到狼群，但时间又有限的话，我建议你预订一到两天的导游服务。你可以在 www.yellowstone-wolf.de 上找到合适的导游，在他的带领下先对狼群出没的地方有一个大概的了解，然后在接下来的几天里，你就可以自己行动了。

装备

除了应季衣物，你还需要带上双筒望远镜、带变焦长镜头的照相机或摄像机。如果你觉得为一次度假购买这些装备不值得的话，你可以在加德纳当地租赁望远镜或照相机。租借网址为 http://opticsyellowstone.com。

夏季的时候，别忘记带上防蚊喷雾、太阳镜以及高倍防晒霜——拉马尔山谷海拔可有 2 500 米。

如何辨别狼

现在你已经准备好了一切，并顺利抵达黄石公园，并期待看到自己的第一只狼。看，它就在那里！不过，请注意，那有可能只是一只郊狼。对于外行来说，区分郊狼和灰狼真的很难。即便是我们这些专业人士，也不是每次都能轻易分辨出来的。不过，你可以参考下列依据来辨别：

灰狼的身型比郊狼的大，看起来更强壮，头部也更结实。灰狼的腿长而有力，毛要短一些，特别是在夏季。走路的时候，灰狼的脚看起来瘦长，不灵活，腿动得也慢，而郊狼的腿动得要快一些，像是一直在小跑。

你也可以看它们尾巴的位置，但是不能仅凭尾巴的位置来分辨灰狼与郊狼。灰狼的尾巴一般是水平的或指向上方，尤其是它在兴奋的时候，即便是头狼在面对家庭成员时，尾巴也是高高翘起的，而郊狼大都不会把尾巴举得像灰狼那样高。

郊狼的耳朵是尖的，立在头顶，当它表示顺从的时候，耳朵会向两侧散开平放，呈现所谓的"飞机耳"，而灰狼的耳朵没那么尖。

郊狼的嘴长而尖，灰狼的嘴短而有力。

毛色也是区分灰狼和郊狼的有力依据。灰狼毛色一般呈黑色或白色。因为背光时的视觉差，我们看到的毛色会比实际的暗一些，在黄石公园有一些亮灰色的狼看起来就成了白色的。

动物的粪便和足印可以让你识别出它们是哪种动物，在哪里驻扎。灰狼的粪便更硬，一条粪便的直径如果大于 2.5 厘米的话，你就可以断定那是灰狼的粪便了。

通过足印也可以鉴别灰狼与郊狼。灰狼的足印大，很容易与郊狼的足印区分开来。两个月大的小狼，即便是小母狼，其足印也比成年郊狼的足印大。大个头犬科动物的足印酷似狼足印。超过 6 厘米长的足印（不计爪尖在内）就不会是郊狼的足印了；而超过 12 厘米长的，则不可能是普通犬科动物的足印了。

借助跨步幅度你也能区分灰狼和郊狼。灰狼的步长平均 133 厘米，而郊狼的步长只有 60 厘米，灰狼的步长明显大于郊狼的步长。

如果有狼靠近，该怎么办？

生活在黄石公园的狼对人很熟悉，它们几乎不会害怕人，当然也要看人的类型。如果遇到一只野狼走近你，那你很幸运，不过一定记得要顺着狼的兴趣而动，并且注意以下几点：

保持距离！

园区对游客与各种野生动物的距离做了明确规定：距离野牛 25 米，距离狼 50 米，距离熊 100 米。请你遵守这些规定。禁止做出鼓励狼靠近的行为，当狼靠近你的时候，请后退，尽可能回到车里，以便狼可以无阻碍地继续前行，千万不要在狼面前跑动。

驱赶

所有干涉动物行为的做法在黄石都是禁止的，其中包括轰赶动物。如果狼群靠近的时候，你是和一群人站在一起的话，那你根本不用考虑该做些什么，只需要和大家一起静静地站在那里，享受那一时刻就可以了。如果你在公园腹地徒步时，遇到向你靠近的孤狼，那么就像我在德国遇到狼的那次一样：停下来，别害怕，拍手，和它打招呼，驱赶走它。

不要投喂

被喂食的狼（以及郊狼、熊、麋鹿等）有可能会坐吃等死，哪怕它们只被投喂过一次，也会知道在什么地方、以何种方式从人类那里获取食物。园区内明令禁止投喂动物或将食物和垃圾随意丢弃在露营地的行为，违者将受到严厉的惩处。

不要带狗

在黄石公园，狗必须戴牵引绳，且只可以走在大路上，禁止进入园区腹地。狗会吸引狼（或熊），不拴绳的狗会遭到攻击。

观狼的安全事项及警示牌

在黄石公园，人们可以看到野生的动物。为了能更好地享受在此停留的美好时光，也为了尽可能少地打扰动物们，我为自己规定了如下行为准则：

◎ 不投喂野生动物，包括在路上向人讨食吃的非洲地松鼠和胆大的乌鸦。

◎ 不踏足禁区。挂着"No Stopping or Walking!"（不许停留或踏足！）警示牌的地方为动物们正在使用的洞穴区。你只是临时访客，那就行行好，不要打扰动物们抚育后代了。既不要在这里停车，也不要试图开车穿行，步行同样是禁止的。

◎ 缓慢行车。最高时速不要超过 45 千米。这里常常有人开快车，尤其是在傍晚黄昏或黎明破晓时。

◎ 不要对动物狂叫、吹口哨或做出其他吸引动物的举动，这样会破坏动物们的自然行为。

◎ 顾及园区其他游客，做到及时熄灭发动机，不大声喧哗，轻关车门；不要站在别人前面阻挡他人；借用别人装备的时候，要先征求同意。

◎ 不要将园内物品带出园区，包括石头、花木、鹿角等。违者将被处以高额罚金或受到羁押。

地图

最佳观狼位置：http://tinyurl.com/87fyh3b

拉马尔山谷一览：http://www.yellowstone.co/maps/lamarvalley.htm

淡紫色的标注是我们专业观察员的内部叫法，你可能有时会在无线设备里听到专业人员提及。

黄石公园的综合信息及其他有用信息你可以登录 www.nps.gov/yell 查阅。

德国境内

当我在黄石公园数手指，盘算着自己多少天没有见到狼的时候，远在德国的朋友却幸福地谈论着看到了狼的踪迹。在德国，神秘的野狼规行矩步、深居简出，这样对于它们来说未尝不是好事。

德国萨克森州、萨克森-安哈特州、勃兰登堡州、梅克伦堡-前波莫瑞州以及下萨克森州都已证明有狼群落户定居，而流浪的孤狼则可能会出现在德国的任何地方。大部分野狼生活在军事训练基地或废弃的矿区。

德国也有与狼有关的旅游业，但以观狼为目的没有多少，大多都重在科普狼的知识、消除人们对狼的误解等。旅游组织者会安排介绍狼及狼的生活，展示狼的足印、粪便，还会组织去拜访那些与牧羊犬一起工作的牧羊人。

如果你并不想直面野狼，那么体会一下狼就在附近的感觉也是非常值得的。

旅游线路

文德兰狼之周：www.kenners-handlust.de

穿越劳齐茨：www.wolfswandern.de

野兽踪迹解读：www.wildniswissen.de

劳齐茨之狼：www.wildnisschule-laisitz.de

致谢

因为从狼那里学会了要重视家人，所以我把最诚挚的谢意送给我的"两条腿"和"四条腿"的家人们。没有你们，我不可能圆自己的观狼梦，衷心地感谢你们的爱与支持。

此外，这本我所钟爱的书能够出版，要特别感谢霍夫曼公关顾问公司的尤韦·纽玛尔（Uwe Neumahr）先生，他是我的经纪人。在我创作的过程中，每每产生挫败感，认为自己写不下去的时候，都是他帮助我重拾信心，一如既往地相信我可以做好这个项目。

我还要感谢我的编辑杰西卡·海茵（Jessica Hein）女士，感谢她对我的信任，给我自主创作的空间。

谢谢 Ludwig 出版社对我的热情款待以及与我的完美合作。特别是审校马伦·韦特克（Maren Wetcke）先生，他诚恳、机智的意见给予了我极大的帮助。

在此，我要感谢的人还有：

安德烈·马滕斯（Andrea Märtens），在漫长的写作过程中，你在精神上对我的支持和鼓舞是无可估量的，你的友谊是我收到的一

份珍贵礼物;

彼得·沃勒本（Peter Wohlleben），你是我的精神盟友，我们不仅对自然、环境有着相同的看法，而且在我困惑迷茫的时候，你还为我提供了有益的见解;

金特·布洛赫，我们携手完成了几部作品，作为野外观察的伙伴，你与我就狼的行为举止的讨论使我受益匪浅。遗憾的是，自你退休之后，我便没机会再与你合作了。

黄石公园里生活的狼群早已成为我生命的一部分，是我的另一个家。多年来，要不是有狼专家里克·麦金泰尔的帮助，我在黄石的野外观察不会如此顺利。还有劳拉·莱曼（Laurie Lyman），她每天用电子邮件向我报送现场的观察结果，让我即便不在黄石公园，也能身临其境。这些我在书中提到过的、定期出现在黄石公园的狼迷们，早已成了我的至交好友。

每年我都要进行两三次观狼之旅，如果我在观狼地停留的时间过久，德国的亲友们会用他们固有的热情将我拖回去，并试图让我明白，不要把总待在狼窝里当作理所当然的事。感谢我的"三剑客"——卡琳（Karin）、安德里亚（Andrea）和乔（Joe），和你们在一起时，我总是能笑到流泪，真心希望和你们再聚。

感谢在韦茨拉尔的蔡司公司赞助了我双筒望远镜、无线电等设备。在野外观察时，这些精良的装备都是必不可少的。

最后，我要感谢的依然是狼，那些家伙已经成为我生活中不可或缺的一部分。同时，我还要把无数的祝福与祈祷送给哺育了它们一代又一代的山川峡谷。

参考文献

狼的大家庭

Bloch, Günther und Radinger, Elli: *Wölfisch für Hundehalter. Von Alpha, Dominanz und anderen populären Irrtümern.* Stuttgart 2010.

http://www.shell.de/ueber-uns/die-shell-jugendstudie.html

头狼的领导

Sands, Jennifer: »Social Dominance, Aggression and Faecal Glucocorticoid Levels in a Wild Population of Wolves«, in: *Animal Behaviour* Volume 67, Issue 3 (March 2004), S. 387–396.

Smith, Doug, Stahler, Dan, Guernsey, Debby: *Yellowstone Wolf Project.* Annual Report 2004, 2005, 2006, National Park Service, Yellowstone Center for Resources.

Zeug, Katrin: »Süchtig nach Anerkennung«, in: *Zeit.de*, 11.06.2013, http://www.zeit.de/zeit-wissen/2013/04/psychologie-soziale-anerkennung.

雌狼的优势

Clarissa Pinkole Estés: *Die Wolfsfrau. Die Kraft der weiblichen Urinstinkte.* München 1993.

老狼的智慧

https://www.nps.gov/yell/learn/ys-24-1-territoriality-and-inter-pack-aggression-in-gray-wolves-shaping-a-social-carnivores-life-history.htm, zuletzt aufgerufen am 7.1.17.

狼的沟通艺术

http://www.galileo.tv/earth-nature/forscher-entschluesseln-die-wolfssprache, zuletzt aufgerufen am 11.1.2017.

Bloch, Günther: *Gruppenverhalten, Dominanzbeziehungen und Kommunikation*; Seminarskript Mai 2008; Hunde-Farm »Eifel«.

http://www.mein-medizinportal.de/themenwelten/alters-und-palliativmedizin/die-heilkraft-der-beruehrung_17212902. htm, zuletzt aufgerufen am 4.6.2017.

Suddendorf, Thomas: *The Gap, the Science of What Separates Us From Other Animals*. New York 2013.

领地之争

http://www.wolf-sachsen.de/leben-im-rudel, zuletzt aufgerufen am 8.1.2017.

https://www.nps.gov/yell/learn/ys-24-1-territoriality-and-inter-pack-aggression-in-gray-wolves-shaping-a-social-carnivores-life-history.htm, zuletzt aufgerufen am 11.1.2017.

Hamiltons Regel: https://de.wikipedia.org/wiki/William_D._Hamilton, zuletzt aufgerufen am 11.1.2017.

http://www.staff.uni-mainz.de/neumeyer/Vergleichende/Altruis mus.html, zuletzt aufgerufen am 7.6.2017

狼的出走

Bloch, Günther und Radinger, Elli H.: *Der Wolf kehrt zurück. Mensch und Wolf in Koexistenz?* Stuttgart 2017, S. 119f.

Merrill, S.B., Mech, L.D.: »Details of Extensive Movements by Minnesota Wolves«, in: *American Midland Naturalist* 144 (2000), S. 428–433.

Linnell, J.D.C, Brøseth, H., Solberg, E.J., Brainerd, S.: »The Origins of the Southern Scandinavian Wolf *Canis Lupus* Population: Potential for Natural Immigration in Relation to Dispersal Distances, Geography and Baltic Ice«, in: *Wildlife Biology* 11:4 (2005), S. 386.

狼和乌鸦的友谊

Heinrich, Bernd: »Teamplayer«, in: Dogs 6 (2010), S. 114–117.

Stahler, Daniel: »Common Ravens, Corvus Corax, Preferentially Associate with Grey Wolves, Canis Lupus, as a Foraging Strategy in Winter.« In: *Animal Behavior* 64 (2002), S. 283–290.

Bloch, Günther: »Wolf und Rabe. Langzeituntersuchungsergebnisse zur Sozialisation und zum Zusammenleben von zwei Arten«, in: *Wolf Magazin* 2(2013).

Heinrich, Bernd: *Die Weisheit der Raben. Begegnungen mir den Wolfsvögeln.* München 2002.

Bloch, G.; Paquet, P.: *Wolf (Canis lupus) & Raven (Corvus corax): The Co-Evolution of »Team Players« and their Living-Together in a Social-Mixed Group.* Hunde-Farm »Eifel« 2011.

狼的狩猎战略

McAllister, Ian und Karen: *Kanadas vergessene Küste. Im Regenwald des großen Bären.* Oststeinbek 1998.

玩耍的乐趣

Persönliches Gespräch mit Günther Bloch über die Wölfe im Banff-Nationalpark, Wolfsforscher in Kanada.

Bekoff, Marc: *Das Gefühlsleben der Tiere.* Bernau 2008.

Bloch, Günther und Radinger, Elli H.: *Wölfisch für Hundehalter. Von Alpha, Dominanz und anderen populären Irrtümern.* Stuttgart 2010.

生物圈的奥秘

Berger, K. M., und E. M. Gese: »Does Interference Competition with Wolves Limit the Distribution and Abundance of Coyotes?« In: *Journal of Animal Ecology* (2007) 76, S. 1075–1085.

Ripp, William J.: *Trophic Cascades in Yellowstone: The First 15 Years*

after Wolf Reintroduction; http://ir.library.oregonstate.edu/
xmlui/bitstream/handle/1957/25603/RippleWilliam.Forestry.
TrophicCascadesYellowstone.pdf.

治愈系的精灵

http://www.laweekly.com/film/military-veterans-work-with-
rescued-wolves-in-the-documentary-the-war-in-bet
ween-8108078, abgerufen am 18.4.2017.

人和狼的关系

Balthasar, Cord: *Warum Kugelschreiber tödlicher sind als Blitze.*
Verblüffende Statistiken über die Gefahren und Risiken unseres
Lebens. München 2014.

http://dex1.info/diese-20-tiere-toten-die-meisten-menschen-
auf-der-welt-der-1-und-der-letzte-platz-sind-unglaubliche-
uberraschungen/ (abgerufen: 3.3.2017).

https://www.hna.de/kassel/kreis-kassel/wolf-angst-interview-
psychologen-harald-euler-6393026.html (abgerufen: 3.3.2017).

»Nicht wegrennen!« *Der Spiegel* 16/2015; http://www.spiegel.
de/spiegel/print/d-133575645.html (abgerufen: 2.3.2017).

欢迎狼的到来

Bloch, Günther und Radinger, Elli: *Der Wolf kehrt zurück. Mensch*
und Wolf in Koexistenz? Stuttgart 2017.

http://www.wolf-sachsen.de/nahrungszusammensetzung, abge-
rufen am 17.4.2017.

http://www.presseportal.de/blaulicht/pm/70238/2649638 (abge-
rufen: 20.2017).

http://www.bild.de/regional/hamburg/wolf/fuer-die-woelfe-
sind-wir-gast-in-ihrem-revier-39592744.bild.html (abgerufen:
10.3.2017).

https://www.nabu.de/tiere-und-pflanzen/saeugetiere/wolf/
wissen/19530.html (abgerufen 7.3.2017).

https://www.az-online.de/uelzen/stadt-uelzen/wolf-ueber rascht-schaefer-hilft-7445416.html (abgerufen am 10.3.2017).

https://www.az-online.de/uelzen/az-tv/grosser-schock-moment-wolf-naehert-sich-einer-joggerin-7445477.html (abgerufen am 10.3.2017).

http://www.jaegermagazin.de/jagd-aktuell/woelfe-in-deutsch land/niedersachsen-wolf-verfolgt-joggerin/ (abgerufen am 10.3.2017).

图片来源

Bildredaktion: Tanja Zielezniak

Umschlag: Umschlaggestaltung und Motiv: Hauptmann & Kompanie Werbeagentur, Zürich, U4: Koppfoto/Gunther Kopp

Innenteil:
Alle Bilder stammen von Koppfoto/Gunther Kopp, Dunzweiler, mit Ausnahme von:
Askani, Tanja: 38; Cornilsen, Corina: 224/225; Foard, Marlene: 18; Hamann, Michael: 207; Hartman, Dan: 42; Hogston, Gerry: 7; mauritius-image: 52 (NPS photo/Alamy/Diane Renkin), 70 (Park Collection/Alamy/Dan Stahler), 92/93, 106/107, 156/157, 175, 184 (NPS Photo/Alamy), 158 (Nature and Science/Alamy), 266 (Raimund Linke), Bildteil 1/2 (Tom Uhlman/Alamy); Mark Miller Photos: 31, 36/37, 94; Mayer, Michael: 198/199, 200, Bildteil 2/3, Bildteil 4; National Park Service, public domain: vi (NPS/Jacob W. Frank), 108 (NPS/Dan Stahler), Bildteil 6/7 (NPS); Privatarchiv Elli H. Radinger: iv/v.